# 大学数学

## 教学与思维能力培养研究

黎诗明　著

中国商业出版社

**图书在版编目（CIP）数据**

大学数学教学与思维能力培养研究 / 黎诗明著 . --
北京 : 中国商业出版社 , 2023.11
ISBN 978-7-5208-2674-7

Ⅰ . ①大… Ⅱ . ①黎… Ⅲ . ①高等数学 – 教学研究 –
高等学校 Ⅳ . ① O13

中国国家版本馆 CIP 数据核字 (2023) 第 201842 号

责任编辑：杨善红
策划编辑：刘万庆

中国商业出版社出版发行
（www.zgsycb.com 100053 北京广安门内报国寺 1 号）
总编室：010-63180647 编辑室：010-83114579
发行部：010-83120835/8286
新华书店经销
定州启航印刷有限公司印刷
*
710 毫米 ×1000 毫米 16 开 15.25 印张 240 千字
2023 年 11 月第 1 版 2024 年 1 月第 1 次印刷
定价：88.00 元
* * * *

# 前言

大学数学教学已经成为当今教育体系的重要组成部分，它不仅注重基本的数学知识和技能的传授，而且注重培养学生的思维能力，特别是抽象、逻辑和创新思维能力。本书主要针对大学数学教学的特性、挑战和机遇，对大学数学教学的各个方面与思维能力培养进行了深入研究和分析。

第一章从大学数学教育演变、教学目标、基本原则和教学方法等多个角度全面概述了大学数学教学。通过了解数学教育的历史和发展，读者可以更好地理解当今数学教学的目标和挑战。

第二章专注于大学数学教学设计，从概念意义和基本原则与要求入手，探讨了大学数学教学设计的前期分析、教学方案设计等关键环节，并提供了具体的大学数学教学设计案例分析。

第三章在阐述大学数学教学模式的概念、特点、功能和发展趋势的基础上，分析了大学数学教学模式构建、常规教学模式以及教学模式创新等内容。对不同的教学模式的理解和运用，能够帮助教师适应各种教学环境，满足各种需求，提高教学效果。

第四章在介绍现代教育技术的概念、教育技术的产生与发展以及现代教育技术的重要性的基础上，进一步探索了现代教育技术与大学数学教学的整合、现代教育技术在大学数学教学中的具体应用。这将极大地推动大学数学教学的革新，提高教学质量。

第五章专门讨论了数学文化与大学数学教学的关系，强调了数学文化在大学数学教学中的重要地位。通过对数学文化的解析，可以让学生更深入地理解和欣赏数学。

第六章深入讨论了数学思维及其影响因素，包括思维与数学思维、数学思维的类型以及影响数学思维发展的智力因素和非智力因素。理解这些内容对于有效地培养和提高学生的数学思维能力至关重要。

第七章关注大学数学教学中思维能力的培养，讨论了大学数学教学中应该培养的数学思维能力及教学原则、培养学生数学思维能力的教学策略、努力培养学生良好的思维品质和基于思维导图培养学生数学思维能力等。通过阅读本章节，教师对如何在大学数学教学中培养学生的思维能力应有更深入的理解和思考。

希望本书能为大学数学教师、教育研究者、政策制定者以及对大学数学教学感兴趣的所有人提供有益的理论参考和实践指导。相信每位读者都能从中得到启示，深入理解大学数学教学的复杂性和重要性，从而有效地推动数学教学的改革和发展。

由于笔者水平有限，书中难免存在不足之处，恳请广大读者批评指正。

黎诗明

2023 年 4 月

# 目录

# 第一章　大学数学教学概述

## 第一节　大学数学教育演变

### 一、《高等数学》内容的变革

1976 年以前的《高等数学》教科书由三部分组成，即引言、解析几何和数学分析，一般分为两册：上册包含解析几何、函数和极限、微分方程和一元函数的积分，下册包括级数、傅里叶级数、微分方程、多元函数和微分方程的积分。

20 世纪 80 年代，大学数学教师普遍认为社会已进入计算机技术的信息时代。随着现代工程科学的迅速发展，人们对数学知识的需求也在不断增长。数学在现代工程中的要求不仅包括传统数学的一些分支，还包括 20 世纪发展起来的现代数学的概念、理论和方法。当前高新技术需要研究的问题包括数学模型和方法从低维到高维、从线性到非线性、从静态到非平稳、从局部到全局、从常规到奇异、从稳定到分支和混沌。数学不仅是一种工具和方法，还是一种思维方式，即数学思维；不仅是一门科学，还是一种文化，即数学文化；不仅是一些知识，还是人的品质之一，即数学素质。这些基本概念得到了广泛认可，并不断发展。

进入 20 世纪 90 年代，理工科大学的数学课程体系基本形成。它包括基础部分、选学部分以及讲座部分。基础部分是各类专业的必修课，包括：①以微积分、常微分方程为主体的连续量的基础；②以线性代数（包括空间解析几何）为主体的离散量的基础；③以概率论和数理统计为主体的随机量的基础；④以数学实验和简单的数学建模为主体的数学应用基础。

选学部分是选修课，包括工程中常用的数学方法：①数学物理方法（包括复变函数、数理方程、积分变换等）；②数值计算方法；③最优化方法；④应用统计方法；⑤数学建模。

讲座部分开设工程与科学技术中有用的数学新方法讲座，如分支、混沌、神经网络、小波分析等。

数学实验和数学建模课程的广泛开设，改变了以往数学教育和实际应用的状况，提高了学生在数学学习和数学应用方面的兴趣和能力，在学生中很受欢迎。

1995 年，教育部在研究项目中纳入了《高等教育面向 21 世纪教学内容和课程体系改革计划》，开发了两个大学数学科目的研究课题：一个是由西安交通大学（马知恩教授是负责人）主持，西安交通大学、大连理工大学、同济大学、电子科技大学、四川大学、吉林工业大学（现为吉林大学）、大连海事大学、清华大学、上海交通大学、东南大学、西北工业大学、重庆大学和华南理工大学等 13 所院校参加的“数学系列课程教学内容和课程体系改革的研究与实践”；另一个是由清华大学（萧树铁教授是负责人）主持，清华大学、北京大学、内蒙古大学、西安交通大学、复旦大学、湘潭大学、武汉大学、浙江大学、北京师范大学、中国科技大学、郑州大学、中山大学和南开大学等 13 所院校参加的“非数学专业课程体系高等数学与大学教学改革”。这两个课题组遵循“教育思想与教育观念的改革是先导，教学内容和课程体系改革是重点和难点”的思想，历经 5 年的改革研究和实践，在全国范围内召开一系列教学改革报告会、研讨会并举办研讨班，提出教学改革的指导思想和改革方案，组织编写并出版面向 21 世纪的改革教材，进行改革试点，取得了一批重要的改革成果。

通过相关教材的编写与出版，以及与之相适应的开展教学研讨、组织教师培训、录制教学课件、编制试题库等途径，一个的理工科数学课程新体系逐渐形成，并在实践中落地生根。即使在以后大学扩招的情形下，它仍然得以维持并不断地完善，影响一直持续到今天。

## 二、数学建模活动的开展

用数学方法在科技和生产领域解决实际问题，或者与其他学科相结合形成交叉学科，首要和关键的一步是建立研究对象的数学模型，并计算求解。可以说，现代应用数学的核心就是数学建模。

在 20 世纪最后的 20 年里，我国大学里普遍开设了“数学建模”课程。与此同时，数以十万计的大学生参加了数学建模竞赛活动，这是一项影响十分深远的改革。

1982 年，复旦大学俞文魮首先开设“数学建模”课程。同年，萧树铁在教育部直属 12 所工科院校协作组的会议上提出开设“数学建模”课程的必要性。1983 年春，萧树铁身体力行，在清华大学数学系开启“数学建模”课程的教学探索，并推向全国。

1990 年，中国工业与应用数学学会成立，萧树铁为首任理事长。1994 年，由中国工业与应用数学学会和教育部高等教育司联合主办的全国大学生数学建模竞赛正式启动，以后每年举行一次。其中，2011 高教社杯全国大学生数学建模竞赛共吸引了来自国内外的 1251 所高校 19490 个队的 58000 多名大学生参赛，规模之大，令人震撼。到 2013 年满 20 周年时，先后参与的大学生有 40 多万人次。参与者收获良多，有“一次参赛，终身受益”的感受。

“数学建模”课程的开设和相关竞赛活动的开展，不仅增加了大学数学教育的教学内容，丰富了大学生的数学生活，更重要的是使人们更加全面地认识了数学的价值，扭转了过度追求形式主义公理化的倾向，回归了数学发展的历史进程，形成了更加科学的数学观念，其影响是深刻而久远的。

1997 年， 萧树铁组织清华大学、北京师范大学的一些教师研究“数学实验”课程的具体内容，编写讲义，进行试点。这份讲义以《数学实验》的书名于 1999 年由高等教育出版社正式出版。与此同时，中国科技大学、上海交通大学、西安电子科技大学等学校也相继开设了“数学实验”课程，并编写了教材。进入 21 世纪后，“数学实验”课程已经在全国几百所大学开设。进入 21 世纪以后，“数学建模”课程的教学水平不断提升。这一时期的数学与统计学教学指导委员会主任委员是李大潜。他大力推动“数学建模”“数学实验”课程建设和相关竞赛活动，推动“数学建模”课程融入数学教学的主干课程。

## 三、若干大学数学教育改革项目和研究活动

### （一）张景中、林群的微积分初等化的探索

微积分教学目前都以极限理论为基础，而且崇尚用$\varepsilon$- $\delta$语言表述。张景中院士力图改变这一现象。早在20世纪90年代，张景中就开始提倡用非 $\varepsilon$ 极限来完成对微积分的改造。经过一系列实验，在张景中指导下，重庆大学数学系的陈文立以非$\varepsilon$极限理论为基础，编著了《新微积分学》，并于2005年由广东高等教育出版社出版。2006年张景中又在全国大学数学课程报告论坛上报告了他的新作《微积分学的初等化》。这次他更是提出了使用不等式定义导数概念，即不用极限理论，而用初等数学的方法严格讲解微积分。详细的处理方法见张景中的《直来直去的微积分》一书。

林群的著名演讲“微积分魔术”也回避极限理论，将微积分初等化，通过不等式加以表述。其要点是：求导推出极限过程改用不等式，以及求积分推出函数下方图形的面积改为求导数的面积。具体做法见林群的《微积分快餐》一书。

张景中和林群的微积分初等化的创意虽然得到许多赞同，但是尚未被广泛接纳。

### （二）数学文化的研究形成热潮，“数学文化”课程普遍开设

进入21世纪，大学数学教育领域出现了研究数学文化的热潮。

由丘成桐、杨乐、季理真主编的“数学与人文”丛书2010年5月出版第1辑，至2013年年底已经出版到第11辑。也是在2010年，《数学文化》杂志开始发行，编委会由国内外著名数学家组成。更重要的是，顾沛教授率先在南开大学开设“数学文化”课程，并逐渐推向全国。“数学文化”课程的教学目的在于将数学与文化结合起来，从文化的角度去关注数学，从而更好地揭示数学思想的文化价值。

数学文化是指数学的思想、精神、方法、观点以及它们的形成和发展，还包含数学家、数学史、数学教育、数学发展中的人文成分、数学与社会的联系、数学与各种文化的联系等。“数学文化”课程的开设有利于提升学生的数学素质，使他们更好地理解和掌握数学的思想。

张奠宙、王善平编著的《数学文化教程》是为文科学生编写的教材，内容更加贴近社会科学的需要，如介绍用数学方法研究《红楼梦》作者是谁、统计数据可能撒谎、20 世纪世界数学中心的变迁等。

全国高校“数学文化”课程建设研讨会于 2008 年 7 月在河南郑州举行。会议论文结集为《数学文化课程建设的探索与实践》，于 2009 年由高等教育出版社出版。2013 年 8 月，第三届全国数学文化论坛学术会议在沈阳举行，马志明、严加安、袁亚湘等院士出席并做演讲，李大潜发来书面文稿，反响强烈。

### （三）西方数学与中国传统文化的融合

我国的大学数学课程早年是从西方全盘引进的，这些课程中所具有的理性文明已经融入中国传统文化，成为当代中国传统文化的一部分。但是，许多学者也在用中国古典文化来诠释西方数学。例如，勾股定理、刘徽割圆术、杨辉三角、算法思想体系等，已经和西方数学融为一体。更进一步，“一尺之棰，日取其半，万世不竭”的论述，曾被用来描述数列极限过程。徐利治用“孤帆远影碧空尽”的诗句描写无限小连续量的变化过程。严加安倡导数学与诗歌的联系。张春燕用白居易的《寄韬光禅师》诗歌表述“数形结合”的数学思想。这些工作都力图将西方传入的数学与中国传统文化思想融合，主要是在意境上互相沟通。

张奠宙等在“数学欣赏”的课题中做了一些努力。例如，用《道德经》的“道生一，一生二，二生三，三生万物”理解自然数公理和数学归纳法，以苏轼的《琴诗》揭示数学反证法的含义，用贾岛的“只在此山中，云深不知处”解说数学存在性定理的意境，以陈子昂的《登幽州台歌》比喻爱因斯坦的四维时空，特别是建议微积分教学可以按照局部与整体的线索展开，增加人文气息。

### （四）大学数学课程论坛和高等学校大学数学教学研究与发展中心的设立

由全国高等学校教学研究中心、中国数学会、教育工作委员会、全国高等学校教学研究会数学学科委员会、高等教育出版社及有关高校联合发起、共同设立的大学数学课程报告论坛于 2005 年 11 月 5—7 日在上海同济大学举行，以后每年召开一次。众多知名院士、专家参加会议。数学教育界的这一数学教学改革盛会已经对我国的教育教学改革产生了重大影响。

2009年，西安交通大学与高等教育出版社联合成立高等学校大学数学教学研究与发展中心（以下简称中心），这是大学数学教学和改革的一个重大事件。中心每年都通过组织立项的方式推进大学数学教学的研究和改革，取得了一系列成果，推动了国内对大学数学教学实践和理论的研究。中心组织对国外大学数学教学和教材进行研究，为借鉴国外的经验提供了便利条件。

#### （五）慕课教学方兴未艾

慕课是英文简称MOOC的音译，意为大规模的、公开的、网络在线课程。它起始于2012年秋的美国，包括麻省理工学院在内的许多著名大学的课堂实录视频已向全世界免费公开，供所有人注册学习。

与此同时，我国也大力推进精品课程、资源共享课程的建设，使得原有的教学体系和手段面临新的挑战：课程视频资源公开了，还要课堂教学吗？名校的课都可以点播了，谁还上一般大学？但是看视频毕竟不同于真人上课。没有师生互动，测验评价手段单一，都使慕课的开展受到许多制约。慕课的未来，还需要观察研究。

## 第二节　大学数学教学目标

### 一、传授数学知识

大学数学课程的基本目标和任务就是将学生必须掌握的数学知识教授给他们。在实际的教学活动中，教师应基于高校人才培养目标以及学生的实际情况开展教学活动，要以企业对人才的需求以及岗位要求的知识与技能为依据，进行教学内容的选择，同时要为帮助学生实现可持续发展打下良好的基础，要坚持“必需、够用”的原则，对教学内容的广度与深度进行把握。这里的广度是指与专业联系紧密的必要的数学知识范围。在选取教学内容时，教师要把学好专业必须具备的数学知识支撑点作为教学重点。深度就是指这些数学知识点的深浅程度足以满足专业课学习的需求。确定教学内容时，教师要根据专业需求明确数学概念、定理和数学方法应掌握的程度。

为更好地向学生传授数学知识，提高大学数学教学效果，笔者从以下两方面给出建议。

（1）给高校教学管理部门的建议。①建立有效的课程体系。高校教学管理部门需要建立科学合理的课程体系，包括核心课程、选修课程和实验课程等。这些课程应该紧密结合实际，注重理论与实践相结合，能够满足学生的学习需求和职业发展需求。②加强教师培训和管理。教学管理部门需要加强对数学教师的培训和管理，可以通过组织教学研讨会、评估教师的教学质量等方式，帮助教师改进教学方法和策略，提高教师的教学水平和创新能力。③强化教学质量评价。高校教学管理部门需要建立科学有效的教学质量评价体系，以监测和提高教学质量。评价指标应该全面、公正、客观，可以包括学生评价、教师评价、教学效果评价等多个方面。

（2）给整个教与学的主导者的建议。①建立坚实的数学基础。在教学之前，确保学生具备必要的数学基础知识，包括数学概念、符号、公式，以及基本技能。如果学生没有坚实的数学基础知识，他们很可能在更高级别的数学课程中感到困难，受到挫败。②强调实际应用。与纯理论相比，强调数学的实际应用会更吸引学生的兴趣，激发他们对数学的学习热情。让学生了解数学在工程、科学、经济等领域的实际应用，可以帮助他们更好地理解数学知识和技能的重要性。③采用互动式教学方法。采用互动式教学方法可以帮助学生更好地参与到数学教学过程中，提高他们的主动性，提升学习效果。例如，教师通过小组讨论、问题解答、实验、编程等方式，让学生更深入地掌握数学知识和技能。④使用多种教学资源。除了传统的课本和讲义之外，使用多种教学资源，如视频、图像、动画、模拟器等，可以帮助学生更生动地理解数学知识和技能，提高他们的学习效率。⑤关注学生的个性差异。不同的学生有不同的数学学习方式和兴趣爱好，教师需要关注学生的个性差异，并根据不同学生的情况采取相应的教学策略，让每个学生都能够充分发挥自己的优势和潜力。

## 二、精通数学技术

数学技术可分为两种类型：一种是软技术，另一种是硬技术。软技术主要涉及数学原理、概念、方法和模型，它们为学生提供理论支撑和计算路径，有助于学生分析数据、找寻策略、构建模型以解决实际问题，为社会发展创造价值。硬技术则包括各类数学工具、计算器和数学软件，如图形计算器和几何画板等，它们为学生提供方便、快捷的数学应用手段，助力学生更高效、更迅速地解决实际问题。

高校数学教学应依据专业需求培养学生相应的数学能力。首先，要重视数学理论和方法的教学。教师要从教学内容中抽取数学理论和方法的精华，让学生明白其重要性，并为其日后专业工作储备必备技能。其次，要关注数学建模的教学。在每个单元结束后，教师可挑选与专业相关的问题进行建模展示，以激发学生学习数学的兴趣，并为他们将来解决专业问题搭建数学模型奠定基础。再次，要注意数学工具、计算器和数学软件的运用。教师要通过教学，让学生从烦琐的计算中解脱出来，让他们将更多精力投入推测、实验、推理、建模和应用等方面。最后，要突出数学实验教学的重要性。教师要通过数学实验教学让学生在计算机辅助下感受数学原理、发掘数学规律，并体会解决问题的全过程。

## 三、培养数学能力

数学能力是指一个人对数学领域中的知识、技能和思维能力的掌握和应用。它包括对数学基本概念和知识的理解和掌握、对抽象和逻辑思维能力的掌握和应用、对计算和运算技能的掌握、对数学模型和图像的理解和应用以及对数学语言和符号的理解和应用等方面。

在大学数学课程中，关注学生数学能力的培养至关重要。教师需要对解题策略和技巧进行科学且系统化的训练，以提高学生的运算能力。教师可通过观察和实验、分析和综合、普遍和特殊等思考方式，培养学生的逻辑思维能力。同时，教师可通过数学模型的展示、几何形状的变换和数学问题的直观呈现等途径，提升学生的空间想象力。

## 四、强化数学素养

数学素养是指个体在数学知识、数学思想和数学方法等方面的全面发展和掌握，是具备数学思维和数学应用能力的重要基础。一个具有良好数学素养的人应该能够独立思考和解决实际问题，具有创造性思维和创新能力。

数学素养对于一个人的学习和发展具有非常重要的意义。数学素养可以提高个人的数学能力和学习效率，让个体更好地理解和掌握各类学科知识，尤其是自然科学和技术科学方面的知识。此外，数学素养还可以为个人提供更多职业选择和发展的机会，尤其是在数学、物理、工程等领域。因此，大学数学教学要重视对学生数学素养的培养。在实际教学中，教师应鼓励学生在数学学习和应用中发挥自己的想象力和创造力，如可以设置数学设计、数学竞赛等活动，让学生主动探索数学知识和技能的应用和创新。此外，教师还要设计和实施实践项目，如数学建模、数学实验等，让学生将所学的数学知识和技能应用到实际问题的解决中去，提高他们的综合素质和应用能力，培养学生的数学意识，提高学生的数学悟性。

## 第三节　大学数学教学基本原则

高等教育理念应该符合大学生的年龄特点，大学数学教学改革主要应关注培养创新能力和激发学生主动学习。要实现这些目标，大学数学教学要遵循以下五个基本原则。

一是问题驱动原则。将解决实际问题作为教学的出发点，旨在对学习目标加以明确。二是适度形式化原则。激发数学思维是数学的根本，形式化表达则是数学的特征，二者结合起来就要求数学教学不仅关注推理，还讲逻辑，目的是对数学的本质加以把握。三是数学建模原则。数学应用的基础是数学建模，教学应将数学建模与教学内容融合在一起，以培养学生的数学应用能力。四是变式训练原则。数学学习离不开实践，适度的变式训练有助于学生克服重复和单调的问题，巩固学习成果。五是师生互动原则。教学绝不可以单向灌输，一定要注重师生之间的互动，采取有效的教学手段。

在这五个原则中，前四个关注数学内容的处理，最后一个则涉及教学方法的层面。总的来说，大学数学教学应激发学生的学习热情，强调形式思维的严谨性，更为重要的是突出数学思维的本质。教师要将数学建模融入教学过程，实现师生互动，并通过变式训练让学生对数学知识与学习数学的方法加以巩固。

## 一、问题驱动原则

问题在数学中具有核心地位，解决问题是数学教学的重要目标之一。问题驱动意味着教师要主动提出与教学内容相关的问题，以便学生在思考过程中掌握数学知识。在问题的引导下，教师可以摆脱过度依赖教材的定义、定理和证明，以及仅关注计算过程的教学方式。

创新来自提问和解答问题。有些问题涉及整个课程或章节，教师需要问："为什么学习这部分内容？"有些问题涉及特定概念，教师需要问："为什么建立这个概念？"有些问题涉及特定判断，教师需要问："为什么得出这个结论？"这些问题往往不会出现在教科书中，因此教师需要自行挖掘。

实际上，按照教科书上的顺序在黑板上呈现内容的"教科书式"教学，通常缺乏问题驱动的元素。为了避免"教科书式"的教学模式，教师应积极提出问题，还要把教科书里的内容整合至教学中，在教学中提出问题之后再对其进行分析和解决。

### （一）描述课程要解决的问题，明确教学目标

大学数学教学面向具有数学学习基础的成人学生，学生关心的首要问题是"为什么要学习这门课程？"课程开始，教师就要制定出明确的课程目标，告知学生大学数学课程所要解决的问题，并注重激发学生的学习兴趣。

案例 1：微积分绪论课的问题驱动。

微积分的研究应以切线斜率和瞬时速度问题为基础，这意味着教师需要弄明白为什么要按照极限、连续性和导数的顺序进行学习。许多教材在给出导数定义后，才讨论导数的几何意义、力学解释以及切线和瞬时速度问题，这种方式颠倒了认识过程。

以二次函数 $y=x^2$ 为例，在中学阶段，学生已经多次研究过它，并做了很多练习。然而，学生是否观察过它的图像（图 1-1）各点处切线斜率的变化呢？

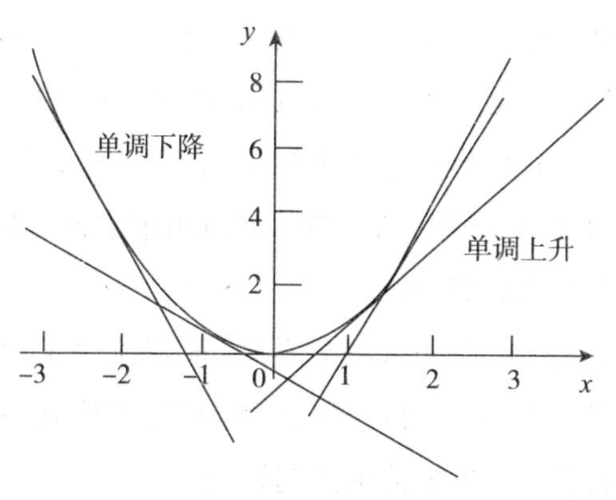


**图 1-1　$y=x^2$ 的函数图像**

观察图像可发现，在 $x<0$ 时，切线斜率为负值，从负无穷逐渐接近 0。而在 $x=0$ 时，切线斜率为 0，然后斜率变为正值并逐渐增大。通过研究切线斜率来分析曲线是微积分方法的核心，它利用切线斜率来描述函数的增长、下降、极大值和极小值等性质。但是，单个点无法单独影响曲线。因此，如何画出切线？如何确定切线斜率？这为学习者提出了微积分的问题。

这是一种问题驱动的设计，可用于引入微积分。当然，教师也可以从微积分历史演变的角度提出问题，或者根据实际情况构建数学模型，等等。

### （二）重要的概念往往来自一个问题的求解

整个微积分课程必须以问题为指导，每个主要章节必须以问题为导向。提出一个好问题可以激发学生的学习兴趣，激发学生对研究的热情，并引导他们迈向成功的第一步。

案例 2：理解线性相关和线性无关的概念。

线性相关和线性无关是线性代数学习中的一个难点。线性相关的定义是这样的：设有 $n$ 维向量组 $\boldsymbol{a}_1$，$\boldsymbol{a}_2$，…，$\boldsymbol{a}_m$，如果存在 $m$ 个不全为零的数 $k_1$，$k_2$，…，$k_m$，使 $k_1\boldsymbol{a}_1+k_2\boldsymbol{a}_2+\cdots+k_m\boldsymbol{a}_m=0$，则称向量组 $\boldsymbol{a}_1$，$\boldsymbol{a}_2$，…，$\boldsymbol{a}_m$ 是线性相关的。

如果教师只是将定义复制到讲义上并逐字解释，学生可能会对这个定义的来源感到困惑。然而，通过一系列问题驱动，教师可以帮助学生更好地理解这一概念。

问题 1：向量组 $\boldsymbol{a}_1$，$\boldsymbol{a}_2$，…，$\boldsymbol{a}_m$ 中是否有“多余”向量？怎样判断是否有“多余”向量？

这个问题涉及线性相关概念背后的基本思想。首先，教师需要对“多余”给出数学定义：“多余”是指该向量可以用其他向量线性表示。例如，如果 $\boldsymbol{a}_2$ 是多余的，那么存在 $m-1$ 个不全为 0 的数 $l_1$，$l_3$，…，$l_m$，使 $\boldsymbol{a}_2=l_1\boldsymbol{a}_1+l_3\boldsymbol{a}_3+\cdots l_m\boldsymbol{a}_m$。这样一来，$\boldsymbol{a}_2$ 就是多余的，即可以从向量组中去掉。事实上，这个“多余”的定义与线性相关的定义是等价的。

教师还可以用更生动的例子来引导学生：“我们可以将 $n$ 个向量与房子的支柱进行类比。哪些支柱是不可或缺的？哪些是依赖其他支柱且不承担重量的？”这样的问题能帮助学生更清晰地理解概念。

问题 2：线性相关概念是否具有实际意义？怎么判定向量组 $\boldsymbol{a}_1$，$\boldsymbol{a}_2$，…，$a_m$ 是线性相关的？

教师可以通过线性方程的解来解释。令 $\boldsymbol{A}=[a_1a_2\cdots a_m]$，这是 $n\times m$ 矩阵，$a_1$，$a_2$，…，$a_m$ 线性相关的充要条件是齐次线性方程组 $\boldsymbol{AX}=0$ 有非零解。使用高斯消元法可以求得非零解。

去掉多余向量后得到的向量组称为线性无关组。线性无关组中不存在多余向量。

这个例子向我们展示了问题驱动程序并非仅受现实情境问题的驱动。抽象数学概念背后也隐藏着生动的问题。尽管“多余”和“承重柱”这样简单的表述不会出现在教科书中（教科书的语言需要精确且简洁），但课程解释应具有描述性且易于理解。如果教师善于利用日常现象作为隐喻，提出问题并逐步深入，那么这些抽象概念将自然而然地浮现出来，学生的思维过程也将更加流畅。

## 二、适度形式化原则

20 世纪下半叶，数学呈现出过度形式化的趋势，因此被批评为“伪数学的丑陋学术形式”。为应对这一趋势，教师应保持警觉并加以制止。然而，形式化是数学科学的一个显著特点。因此，大学数学内容需要以正式的方式表达。从教学角度考虑，问题在于学生通常难以理解正式数学，这使得大学数学教学需要向更易于学生理解的方式转变。以数学内容以及学生特点为依据，对大学数学的形式化水平进行合理把握已经成为高校数学课程设计取得成功的重要原则。

### （一）恰当运用形式主义数学哲学

在19世纪后半叶，数学概念发生了重大变化。以微积分为核心的分析数学在$\varepsilon$–$\delta$语言的基础上得到了严谨化。希尔伯特对《几何基础》进行了重写，使《几何原本》中不严谨的部分得到了规范，并创建了一个严格的欧几里得几何公理系统。进入20世纪，形式主义、逻辑主义和直觉主义数学哲学展开了激烈争论，最终形式主义哲学赢得了大多数数学家的支持。部分数学家致力于追求纯粹形式化的纯数学，认为所有的符号、逻辑和公理数学都是最卓越的数学。

在法国布尔巴基学派出版的《数学原本》中，可以看到数学的杰出体现。然而，随着信息时代以计算机技术为代表的数学的飞速发展，形式主义数学哲学逐步式微，甚至《数学原本》在20世纪70年代后也未再版。尽管如此，当下学术界的数学仍然以形式化的方式进行表述。公理化、符号化和逻辑化仍是维护数学完整性的基本保证。教师所面对的正规技能是其需要学习和掌握的。尽管形式化的美带有一种冷酷的特质，但它仍然是理性文明的象征。教师不能否认或贬低正规数学表达。我们应关注的是如何防止激情的思考在形式主义的大潮中消失。

在大学数学教育中，过度的形式化教学也是一个比较严重的问题。大学数学教材通常从公理开始，给出逻辑定义，列出定理，然后用逻辑去证明，最后总结出数学公式及规律，形式化的结果必然是这样。就数学思考来说，往往不会提到或者是很少提到教科书。这就是说，虽然正式数学具有这样的冷酷美，但是却十分有价值，因此，教师要鼓励学生多去理解、欣赏、学习和应用。当这种美丽的结果被发现时，成功的数学教学将恢复火热的思维。

20世纪80年代，随着形式主义数学逐渐失去影响力，大学数学教育研究开始倡导非形式化教学方法。这种课程并不是完全摒弃数学形式化，而是将其转化为更易于学生理解的教学方式。

简言之，正式的严格定义和数学证明源于实践性思维，所以，教授概念应以非正式问题为起点，通过简明扼要的语言和实际例子阐释数学概念，让学生先对概念建立初步认识，再采用严密的数学表达进行深入阐述。与此类似，定理证明应基于问题的本质和特性，寻求合理的理由和推测，引导思考方向。不断地尝试解决问题的途径，包括一些未能成功的努力，都属于非正式的过程，展现了数学探究阶段的热切思考。紧接着的阶段是从宽松到严密，从非正式表述转向正式表述，这构成了数学教学创新的关键，反映了数学家在首次遇到问题时的“热思”过程。

### （二）合理选择不同的形式化程度

正如前文提到的，数学需要形式化，但形式化程度有所不同。这在数学教育领域尤为重要。实际上，大学教材中的形式化程度各异，教师需要合理选择。

以微积分为例，形式化程度可以分为以下几种。

（1）非常高的形式化程度。例如，将微积分与实变函数相结合，统一处理黎曼积分和勒贝格积分。

（2）较高的形式化程度。采用 $\varepsilon$–$\delta$ 语言的微积分，即“数学分析”课程。

（3）一般的形式化程度。整体要求形式化表述，但对极限理论等的论证使用直观描述，辅以 $\varepsilon$–$\delta$ 语言的表述。

（4）较低的形式化程度。直观地解释微积分的基本概念。

每种形式化程度都有其适用性，教师需要根据学习目标和学生特点做出选择。更进一步，即使在高程度的“数学分析”课程中，也不应过分追求形式化，避免陷入烦琐的形式化陈述。对于一些完全成熟的理论，学生可以直接接受它们，无须进行详尽的证明。换言之，在已有完善的数学基石的基础上，学生可以继续前进并取得更大的进步。

实数理论构成了分析基础，是严密分析过程的关键问题。不管是“分割”理论，还是基本序列理论，都得到了恰当的定义。学生不用再单个检验四个算术公理、实数系统的排序公理、阿基米德公理以及其他完整的公理。同样，坐标轴上的点可以与所有实数一一对应，这从直观上讲是可以接受的，并可直接参考。虽然建立正式的数学以及公理系统是必要的，但它们并非教学过程中的首要任务。

数学基石可以看作一个支点，学生可以放心地对其加以使用，而无须逐一深究。如同在使用 Word 软件编写文档时，并不需要知晓其背后的构建原理，只是理解其功能，并不追究其原理。这样的“支点”对于数学教育具有特殊意义。

数学科学与其他领域不同，它具有严密的逻辑结构。因此，现代数学离不开过去的理论，其推论承袭自古希腊时期。例如，非欧几何的发现并未否定欧几何，现代分析则建立在经典分析的基础上。那么，在一个有时间限制的教学过程中如何呈现越来越丰富的数学内容？教师唯有保留部分数学本质，依赖一些经典结论作为“支点”来推进教学。

教师需要根据实际情况选择哪些理论作为“支点”。比如，微积分教学可选择严格证明闭合区间内连续函数的一系列性质（如有界性），或选择不加证明，将其直接视为公认的“支点”。换言之，如果能理解其含义并将其用于解释未来的特性，这种选择便超越了形式主义。

## 三、数学建模原则

数学建模源于计算机技术和信息时代，它指通过数学符号、表达式、程序和图形等对现实对象的基本特征进行抽象和简洁描述的数学活动。简单来说，数学本质上是对关系和空间形态的量化模型，所有关键的数学内容都可以看作一个或多个数学问题的模型。数学建模对数学教学产生了巨大影响。20 世纪 80 年代，美国兴起了以“问题解决”为核心的教学模式，数学建模和数学应用成为关键环节。

在大学数学教学中，“数学建模”课程的推广代表着一项深刻的改革。这包括数学教学观念的转变、教学内容的调整和教学方法的创新。教师应尽可能地研究和积累，将基础课程中的特定环节、特定表述甚至某个思想、某种能力运用于解决实际问题的模型。培养学生数学建模能力不再是数学教学的附加要求，而是现代大学数学教学应予以关注的基本准则。

### （一）数学应用问题教学和数学建模教学

数学应用问题教学自古以来就广为人知，而数学建模则相对较新。数学应用问题在各个教育阶段都十分重要，如注水问题、旅行问题、鸡兔同笼问题等。数学建模与应用问题教学之间存在许多相似点。

数学建模分为四个主要步骤：合理假设→模型创建→模型求解→解释验证。应用问题教学也有四个类似阶段：现实场景→建立数学表达式→解决数学问题→验证答案的合理性。从某种程度上讲，应用问题教学是数学建模的基础，而数学建模则是应用问题教学的现代发展。相较于应用问题教学，数学建模具有以下特点：第一，数学建模的现实场景更加具体且贴近实际；第二，数学建模的抽象层次较高，不限于特定数学知识的直接应用；第三，数学建模问题需要合理假设，条件可能过于详细，需要剔除次要因素，简化问题目标，整理数据，过程相对复杂；第四，数学建模问题的求解通常需要计算机辅助进行大量计算；第五，数学建模的结果并不唯一，答案具有开放性，可以进行一定程度的探讨。所以，在保持数学应用问题教学基础的同时，教师应该进一步提高水平，以达到数学建模的要求。

### （二）将数学建模融入大学核心数学课程

数学应用问题教学在20世纪下半叶迎来了巨大发展。在大学数学教学中，将数学建模纳入课程应注意以下几点。

（1）融入过程应和谐，不对原定教学计划产生负面影响；以易于理解的起点为基础，避免给学生带来额外负担。

（2）注重质量而非数量，融入课程的建模案例应恰到好处，确保学生掌握扎实的基本知识。

（3）案例分析应涵盖数学建模的四大要素：合理假设、模型创建、模型求解和解释验证。

（4）案例解决应包含解析方法和数值方法，同时熟练掌握数学软件的使用。

（5）广泛受益与因材施教相结合。以基本原则和方法为主导进行课堂讲解，课后习题则涉及不同难度的研究课题。

（6）启发式教学与适度指导相结合，激励甚至推动学生积极思考、实践、提问及交流讨论。

## 四、变式训练原则

数学学习源于实践，解题练习至关重要。大部分数学练习以问题形式出现。如何设计练习避免重复，同时反映新颖思想？变式训练是一种行之有效的方法。变式训练在中国数学教育中占有一席之地。通常，变式是指在核心内容不变的情况下，对非关键内容和形式进行调整，帮助学生发现问题的本质和解决方法，深入理解所学知识。除了保持核心内容不变外，变式问题还可以适当调整核心内容的组成部分，观察产生的效果，以加深学生对数学本质的理解和掌握。例如，通过概念要素来学习概念，提供概念的正反例，帮助学生判断何时问题得以解决，变换问题条件和结论，从而培养学生的思维能力。

大学数学教学同样需要多样化的训练。数学问题千变万化，因此，抓住问题本质的能力显得尤为重要。变式训练旨在培养学生解决问题的技巧。如同木匠，基本技能再熟练，如果不能灵活应用于满足不同家具和部件的实际需求，便不算优秀。变式训练的目标是让学生在掌握基本概念和属性的基础上，理解各类问题的数学本质，并运用概念和属性解决问题。

目前，在大学数学教学领域，变式训练仍缺乏系统性研究。因此，笔者提出了五种大学数学教学中的基本变式类型，但尚不完善。该提议旨在激发更多人思考，期待有更全面的理论总结。

类型 1：替换，非本质形式的替换，化难为易。

类型 2：拼接，围绕核心问题，不同技巧的联合运用。

类型 3：化归，表面不一样的形式化归为同一本质的问题。

类型 4：辨识，分辨表面形式相近，但本质不一样的问题。

类型 5：转换，将复杂的问题转化为较简单的问题加以解决。

## 五、师生互动原则

自孔子时代起，教学相长、师生互动便成为中国教育的传统。当今中国的高校教育积极推行“独立、探索、合作”的互动教学方法。尤其是在大学数学课程中，由于通常都是进行大班教学，教师与学生间的互动受到一定限制。然而，教师必须遵循教育法则，努力创新并为之奋斗，以实现师生间的有效互动。课堂授课、定期问答、小组练习等都是大学数学教学的一般形式。而且近几年“数学建模”课程加入了更多数学活动，每个环节都涉及教师与学生的互动安排和协作。

关于如何在大班授课中实现师生互动，以下是一些建议。

互动形式一：设立提问环节，如同名人演讲，在课堂上预留几分钟的时间供学生提问。这样的互动不能缺少学生的积极参与，教师要鼓励他们在大班课堂中勇敢提问。这类互动适用于宏观地探讨数学思想方法。由于时间有限，推演证明的细节就不在此讨论了。

互动形式二：在关键时刻，教师提出精心设计的问题，请指定学生回答。问题不宜过难，通常不用记在黑板上，学生可在座位上回答。如果班级较大，需配备扩音设备。每节课进行三五次提问，这样不仅可以增进学生和教师之间的互相理解，还有助于将课堂气氛调动起来。

互动形式三：自问自答法。这属于一种启发式教学法，尽管课堂上不便进行对话，但问题来源于学生的认知困难，能较好地解决学生的疑问。

互动形式四：在答疑过程中，教师要将学生普遍疑惑的问题收集起来，并利用大课的时间讲解和交流。

对于习题课的交流，因其通常在小班课中进行，互动应更深入，包括请学生在黑板上演算、讨论解题方案、纠正错误、由学生进行总结等形式。

当前数学教学的发展趋势是最大限度地运用信息技术，构建一个在线交互平台，方便教师和学生在这一平台上交流和互动。这个在线平台应该满足这几点需求：教师进行在线视频指导；利用微信解答疑问，提供个性化建议；提交电子作业并进行在线评阅；向学生推荐相关的参考材料和课外阅读内容。

此外，教师还需关注数学建模活动。这是一种以学生为核心的学习过程。学生在这个过程中扮演着关键角色，教师为学生提供案例资料，学生要仔细阅读，并进行深入分析和思考，最后得出结论。学生就问题进行讨论时，教师要鼓励他们积极地表达自己的观点，阐述自己的想法和判断，并与他人展开辩论。在此过程中，教师主要扮演的是组织者、引导者及推动者的角色。当然，在主课程中，建模活动所占用的时长应该是有限的。

## 第四节　大学数学教学方法

### 一、大学数学教学常用方法

掌握大学数学常用教学方法的特征有助于正确选择并实施这些方法。因为大学数学教学以数学活动为基础，所以本书根据数学活动的表现形式以及学生在此类形式下的认知活动特征，将教学方法划分为三大类：以教师呈现为主，以教师与学生互动为主，以及以学生活动为主。下面将详细介绍这些方法以及其内涵与应用要求。

### （一）以教师呈现为主的方法

#### 1. 以教师为主导的教学方法

以教师为主导的教学方法强调教师在教学过程中的主导作用，以单向传递信息为特点。在这种教学方法下，学生主要扮演接受者的角色。教师在课堂上主要采用语言、文字、声像和实物等多种呈现形式。具体而言，语言呈现指的是口头表达，文字呈现包括板书和数学教材等书面文字，声像呈现涉及计算机、录像等多媒体资源，实物呈现则是利用实物模型和教具来提供直观材料。

这种方法的优点是可以确保教师在传授知识时具有连贯性以及系统性，便于把握课堂进度，有效地激励学生思考、激发学生兴趣，并有效提高时间利用率。然而，它的局限性在于学生往往处于被动地位，难以充分发挥他们的主动性、独立性及创造性。以教师为主导的教学方法主要包括讲授法、演示法等。以下将以讲授法为例进行详细说明。

讲授法作为教育领域最主要和普遍采用的教学方式，侧重于教师在对教材内容进行深入剖析后，用简练且生动的语言向学生传授知识。学生的学习方式主要包括观察、思考、倾听以及做笔记等。从教学的角度看，讲授法是传递知识的手段；从学习的角度看，它强调的是学生的接受性学习，而非互动。对教师而言，熟练掌握讲授法至关重要。在具体的教学实践中，讲授法可以采用讲述、讲解、讲读、讲演等多种形式。

讲授法曾经被误认为是让学生采用机械被动的方法去学习，并将教学质量与讲授法挂钩。然而，在学校教育中，学生掌握系统性知识仍是最基本的需求。没有知识的积累，一切都是空谈。在数学课堂上，讲授法是一种高效的教学方法，因为数学知识具有其独特性，教师可以精心设计教学活动，然后让学生全身心地投入到学习过程中去。

2. 以教师为主导的教学方法的应用要求

以教师为主导的教学方法强调教师作为主要的信息来源。其在应用时，通常需要满足以下要求。

一方面，在组织数学内容时要具备科学性。教师应确保知识信息的系统性和准确性，并将知识与思维方法、智力与非智力因素结合在一起。教师需将教材中的静态学术知识进行加工，使其更具逻辑意义，同时能与学生的身心发展需求相适应。

另一方面，要充分展现教学语言的艺术魅力。以教师为主导的教学意味着学生处于被动地位，所以教师在课堂教学中的语言要简明扼要、生动形象，且具备一定的针对性、启发性及感染力。此外，教师还需注意运用肢体语言，这是一种无声的表达方式，它能支持、修饰教师的语言行为，并帮助教师传递出无法用语言表达的情感及态度。

### （二）以教师与学生互动为主的方法

数学教学作为数学活动的教育过程，教师和学生都是这一“数学活动共同体”的成员。所以，师生之间的交流和互动是共同体成员开展实践活动的一种方式。对于大部分学生而言，与阅读、写作、倾听和表达相比，互动更能激发学生的兴趣，并更容易引导他们参与到教学活动中去。该方法通常是由教师提问，教师会根据问题的情境以及对于学生认知的要求，激活学生的经验、激励学生的思维活动。

1. 问答法

问答法是大学数学教学活动中非常重要且常见的一种互动交流方法。它不要求教师对教材内容进行直接讲解，而是通过教师提问的方式，来引发学生的思考，使学生经过自主思考以后来回答教师的问题。

问答法的优点包括三个方面。首先，提供思维线索。提问能够给学生提供特定的思维信息，引导他们围绕问题展开思考。这样一来，学生就可以一直保持紧张的学习状态，更加有助于集中注意力及激发学习兴趣。其次，提供反馈机会。回答问题能够帮助和引导学生回顾和巩固所学知识，将现有知识反馈给教师，这样能够为教师教学进程的调整提供依据。最后，有助于培养学生的独立思考能力以及数学语言表达能力，并拓展学生的思维。问答法的局限性在于，由于学生需要时间思考，教师难以把控教学进度。

无论是传授新课程还是巩固知识，都可以采用问答法。在运用这种方法进行教学时，教师需要注意：首先，提问要语言精练、准确，对于重要的内容，教师要多复述或写板书以加强记忆；其次，对于学生思考的正确之处，教师要予以充分肯定。如果发现学生的回答偏离了主题，或者存在某些不足之处，教师要从思维角度进行分析，并及时纠正或补充。

2. 讨论法

讨论法是教师与学生间的另一种互动形式：通过教师的组织和引导，学生以全班或小组形式，围绕核心问题展开讨论或辩论，以便更深入地对问题做出评估和判断。这是一种旨在加深学生对问题认识的教学方法。

讨论法的优点包括三个方面。首先，所有学生参与活动，教师和学生之间进行交流，有助于培养学生的合作精神，提高学生的人际交往能力。其次，互相启发、取长补短，能够有效提升学生的学习兴趣，提高学生的学习热情，加深学生对学习内容的理解。最后，要求学生讲求道理，有助于提高他们的批判性思维能力。然而，讨论法也存在不足，如容易导致课堂失控、难以把握讨论主题和结果、耗费时间等。

讨论法适用于新知识的学习以及旧知识的复习与巩固，有助于提高学生的认知水平。使用此方法时，学生需要具备良好的认知基础以及独立判断能力。在利用讨论法进行教学时，教师需要注意以下两点。一是问题要明确且具有争议性，以激励学生思考，激发学生的讨论热情。教师应在黑板上记录讨论的问题，简要解释问题，明确讨论目标，使问题具有讨论价值。为确保讨论顺利进行，教师需要设计后续问题，引导讨论更深入地进行。二是教师需适时进行调节。教师在提出问题后，以观众角色参与讨论，主要负责调控活动，而非代替学生思考，避免讨论形式化。例如，教师应关注学生讨论的逻辑线索，确保讨论切题；关注学生讨论的参与程度，化解争执。

### （三）以学生活动为主的方法

以学生活动为主的方法是一种让学生通过自主参与练习与探究活动来获得

知识和解决问题的方法。在此策略中，教师不再担任绝对的主导者，而是扮演组织者和指导者的角色，辅助学生进行自主学习。

这种教学策略突出学生的主体性，培养和发展学生的独立思考能力，有助于提高学生的实践技能和创新能力。此外，它为学生提供了宽松的学习环境。教师从显性的主导者转变为隐性的引导者，为学生创造心理安全的学习环境，以促进学生独立活动的展开。学生活动的方法包括练习法、阅读引导法、实验法等。接下来将通过练习法进行详细阐述。

练习法是一种教学方法，让学生在教师的辅助下独立完成课堂练习，以实现训练性学习。练习类型包括：①口头练习，涉及数学概念、原理、方法等简单问题，尤其关注易混易错之处；②书面练习，针对教材的重点、难点、关键点等进行有计划的练习。

练习法的优点在于它不仅有助于学生巩固和应用数学知识，帮助学生内化新知识、巩固旧知识、正确应用知识，提高技能掌握程度和自动化水平，还能为教师提供学生的反馈信息。然而，其局限性在于教师难以指导每个学生，练习题难以满足所有学生的需求，可能导致部分学生觉得练习过于简单或过于困难，降低学习积极性。此方法通常在教师讲解和示范后使用。

教师在运用练习法时需注意四点。首先，在独立练习前，要让学生对要求予以明确，帮助他们对理解和应用相应的知识技能做好准备，如概念、命题的内涵，解题步骤，论证环节，作图步骤等。其次，对题型和题量进行合理安排，保持练习形式的多样，并在一般要求与个别指导中寻求平衡。再次，进行有效且适时的指导与监控。教师可通过解疑、巡视等方式加强与学生之间的互动，了解他们的专注度、进度和练习中的问题，避免过多时间与单个学生接触，以免减少指导其他学生的时间。最后，及时反馈练习结果。完成练习以后，教师要引导学生对自己的思考方法进行总结，并指出出现错误的原因。尽管练习结果的对错很重要，但也不能缺少自我检查、纠错以及总结等习惯的培养，这样才能使学生的自我反省意识得到提高。

## 二、现代数学教学方法的特点

教学方法受到多种因素的制约，如教育目的、学生的发展水平、教材等，而这些因素改变的总根源在于社会的发展。信息社会的发展，必然会引发数学教学方法的改变，纵观近几年来我国大学数学教学的发展，大学数学教学方法的现状有以下几个新特点。

（1）突出实践应用。随着社会的快速发展，数学知识在实际生活和工作中的应用越来越广泛。因此，大学数学教学方法越来越注重实践应用，将抽象的数学理论和公式引入实际问题，让学生亲身实践并运用所学的数学知识和技能。

（2）强调创新意识。大学数学教学方法越来越注重培养学生的创新意识，鼓励学生在数学学习和应用中发挥自己的想象力和创造力。例如，通过引导学生自主探究、独立思考和创新性解决问题等方式，培养学生的创新思维和创造能力。

（3）采用多元化的教学方法。大学数学教学方法越来越多元化，教师可采用多种教学方法和手段，如案例教学、探究式学习、分组合作学习、信息技术辅助教学等，以满足学生的不同需求和学习风格，提高教学效果和学生的参与度与兴趣。

（4）加强学科交叉融合。大学数学教学方法越来越注重学科交叉融合，将数学与其他学科相结合，促进学科之间的互动和交流。例如，数学与物理、经济学、计算机科学等学科的交叉应用越来越多，这种跨学科的交叉融合对于学生的综合素质和应用能力的培养都非常重要。

（5）融合高科技手段和现代教育技术。数学教学方法已经开始广泛地融合高科技手段和现代教育技术，使教学技术水平得到显著提升。

简单来说，现代数学教学方法强调发掘学生的主体性，关注学生智力和情感的双重成长。它致力于培养学生在知识、技能、能力、素养和个性方面的全面发展。教学活动通过师生互动以及学生之间的多方合作，促进学生潜能的释放和成长。

# 第二章　大学数学教学设计

## 第一节　大学数学教学设计概述

在大学数学教学中，教师必须积极地进行教学设计，提前确定教学目标、课程内容、教学方法和评估方法等，制订出一份完善的教学计划。这份教学计划能够对教学工作进行全面规划和管理，有助于提高教学效率和教学质量。

### 一、教学设计与数学教学设计的概念

#### （一）教学设计的概念

从本质上看，教学是一种教与学相统一的活动，教师是课堂教学的组织者、引导者、合作者与参与者，学生是课堂教学的主体。通过参与教学活动，学生一方面可以构建知识体系，掌握学习技能；另一方面能够获得身心的全面发展。创造某种具有实际效用的新事物而进行的探究就是设计。换句话说，设计活动是对教学元素的统一控制，使之产生一定的关联，具体来说，就是一种教学安排、教学组织和教学规划。

通过上述内容分析，可以将教学与设计概括为两个方面：一是本质上具有一定目的性的活动，即教学；二是为了实现教学目标而进行的策划活动，即设计。总之，教师系统性地对教学活动展开规划、安排与决策，从而促使某一教学目的得以实现的活动，即教学设计。笔者将从以下四个方面对教学设计进行阐述。

（1）教学设计本质上是一种有计划、有目的、有组织的活动，其目的在于将教学原理转换成容易被学生接受的教学模式与教学内容。在具体实施过程

中，教师遵循教学规律应当是教学设计的基本前提，设定教学目标的过程实际上就是解决“教什么”的问题。

（2）教学设计本质上是一种为了实现教学目标而进行的活动，具有一定的决策性和计划性。通过对教学活动和教学材料进行合理计划与布局安排，使教学目标得以实现，这种创造性的决策过程实际上就是解决“怎样教”的问题。

（3）教学设计作为一种指导活动，采取的是系统方法，即从整体角度出发，对局部与整体的辩证统一关系进行把握的方法。具体来说，就是将教学活动视为一个整体，通过对教学过程中的各要素进行分析，使教学活动的程序纲要得以确立，使各种教学问题与需求得到解决，从而促使教学效率与教学质量得到进一步提高。

（4）教学设计具有一定的技术性，其目的在于促进学习者掌握知识技能的兴趣得到最大限度的激发。为了让教学设计具有一定的可操作性，教师在具体实践的过程中，应当将教育技术与教学设计紧密结合在一起，运用系统方法使教学设计方案得以确定。

### （二）数学教学设计的概念

所谓数学教学设计是指教师在执行教学任务之前，需要根据相关数学理论的基本观点，分析各个教学要素，理解有关数学知识和技能的教学目标，考虑适合的教学策略，制订教学计划和课程评价，并最终形成设计方案的过程。从中可以看出，数学教学设计是整个教学过程重要的组成部分之一，它涉及教学之前的准备工作，包括分析需求、制定目标、确定教学策略、进行课程设计和确定课程评价等。以下将从三个方面详细探讨数学教学设计的概念。

首先，数学教学设计的概念包括教学目标的制定。教学目标的制定反映了数学教学设计对于学生学习效果的影响。只有在教师明确目的、阐释目标的同时，学生才能够知道自己需要做些什么、怎样做以及能够达到何种学习水平。教学目标包括知识和技能两个方面，教师需要通过考虑教学内容和学生的实际情况，来决定学生需要掌握的知识和技能。在明确教学目标的基础上，教师引导学生学习，帮助学生掌握实际应用能力，并在教学过程中做出必要的适应和调整。

其次，数学教学设计的概念包括教学策略的确定。教学策略是指教师设计课程时采用的教学方法和手段。制定教学策略时，教师需要考虑多种因素，如学生的学习连续性、交流方式以及教室环境等。在综合考虑这些因素之后，教师可以根据教学实际情况设想实施的可能性，确保学生在课堂上充分理解知识，并形成正确的学习方法。例如，教师可以使用兴趣点的方法，在激发学生兴趣的同时，加深学生的记忆和学习体验。

最后，数学教学设计的概念包括课程评价的确定。课程评价是数学教学设计过程的最后一个环节，它和教学目标紧密相关。课程评价的目的在于检查学生是否已经达到了预期目标，并从中发现问题，纠正不足。通过对学生的测试、考试和回顾，教师可以全方位地了解学生的知识状态和掌握情况，以便更好地帮助他们。同时，课程评价还可以帮助教师提高教学质量，探索新的教学方法。

## 二、大学数学教学设计的意义

### （一）使课堂教学更规范、更具可操作性

通常来说，在课前，教师需要制订周密的教学计划，明确教学目标、教学内容和教学方式，为教学过程的顺利开展奠定基础。在课中，教师应该按照课堂设计的思路，有条不紊地进行教学，并灵活处理突发情况，让教学过程更加流畅。除此之外，教师还要加强师生互动，丰富教学内容，营造良好的课堂氛围，使学生积极参与，增强学生学习的主动性和兴趣，从而提升教学效果。在课后，教师应该对教学效果进行总结和分析，及时调整和完善教学计划，不断提高课堂教学的规范性和可操作性。因此，教师在实施数学教学设计时，需要注重教学的规范性和可操作性，创设良好的教学环境，帮助学生更好地理解和掌握知识。

### （二）使课堂教学更科学

数学教学设计将课堂教学视为一个整体，对教学内容、教学方法、教学评估等各个要素进行综合分析和整合，从而使教学更加具有科学性。具体来说，数学教学设计可以为教师提供一个清晰的教学目标，明确定义所要传授的知识

和思维方式，并对教学内容进行深入的分析和整合，从而使得教学更具针对性。由于数学教学设计将课堂教学视为一个整体，它可以帮助教师有针对性地选择教学方法和教学策略，从而提升教学效果，并且可以更好地激发学生的学习兴趣。此外，数学教学设计还能够帮助教师对教学效果进行全面评估和反馈，从而对教学内容进行调整，获得比传统的备课方式更大的优势。

#### （三）使课堂教学过程更优化

科学的教学设计能够使教学过程更具针对性和实效性，从而更好地满足学生的需求。同时，数学教学设计可以帮助教师更好地调整课堂教学结构，提升教学效果，最终实现师生互动、知识传承和实际应用的有机结合，进一步提高课堂教学的质量和效率。

### 三、大学数学教学设计的基本原则与要求

#### （一）大学数学教学设计的基本原则

1. 学生参与数学教学活动原则

学生参与数学教学活动原则是大学数学教学设计的基本原则之一。该原则认为，学生应该成为教学主体，积极参与数学教学活动，发挥自己的主动性和创造性，主动探究数学知识，提高数学思维能力和解决问题的能力。传统的教学模式属于单向灌输式教学，客观上不利于学生创新能力与创新意识的发展，只有通过有效的教学设计和教学方法，才能激发学生的学习兴趣和学习动力，从而提高数学教学质量，提升教学效果。

2. 揭示思维过程原则

揭示思维过程原则强调培养学生主动思考、独立思维、批判性思维和创新性思维能力。教师通过设计具有启发性的问题和情境让学生积极探索，帮助他们理解和应用数学知识，培养数学思维，促进其文化素质、创造性思维和创新精神的发展。

3. 最优化原则

在大学数学教学设计的基本原则中，最优化原则是指在教学设计中追求教

学效果的最大化和教学成本的最小化。这个原则强调在教学设计中必须考虑学生的实际情况和需要，并尽可能利用教学资源，达到最佳效果。具体来说，教师应当选用合适的教学方法、工具和技术，以适应学生的不同学习风格和需求，针对不同学习层次的学生选用不同的教学材料，真正做到有的放矢、因材施教。此外，最优化原则还包括教学资源的统筹安排和教学时间的充分利用。教师应当充分考虑学生的时间安排，避免冲突和过度压缩课程时间表，同时要合理安排教师的时间和精力，最大限度地提升教学效果。

### （二）大学数学教学设计的要求

1. 精心创设教学情境

在大学数学教学设计中，精心创设教学情境是一项非常重要的要求。它意味着在教学过程中，教师需要设计一系列生动、具有实际意义和启发性的教学情境，让学生置身于真实的、具体的情境中，以便更好地理解和掌握数学知识和技能。这里需要注意三个方面：一是教学情境应该与学生的日常生活和实际应用相关，二是教学情境应该充分考虑学生的认知特点和兴趣爱好，三是教学情境应该具备连贯性和回归性。学生的数学学习是逐步深入的过程，教学情境的选择应该依据学生的知识结构和学习进度进行设计，学生能够逐步深入、扩展和应用数学知识，同时挖掘和强化前期知识点的关联性和重要性。可以说，精心创设教学情境可以在一定程度上提高学生的学习兴趣，促进学生理解和应用数学知识，进而提高学生的学习成效。

2. 系统整合结构要素

从新课程改革视野分析，大学数学无论是从课程与教学的结构要素上看，还是从功能上看都已经发生了较为深刻的变化。

教师：教学学习的组织者、引导者和合作者。

学生：学习的主人，学习的主体。

教材：各类学习资源、范例以及丰富多样的学习载体。

环境：学生学习的客观条件，教学课程的要素，学生智力发展的背景。

从新课程角度出发，教学活动的本质是一场介于教师与学生之间的对话，其对话内容主要围绕教学内容，并以一定的教学环境为条件。教师在具体的教学活动中扮演着引导者、组织者、合作者的多重角色，通过其角色发挥的重要作用，使学生的积极性与主动性得到最大限度的激发。在具体的教学活动中，学生通过小组合作、自主探究等方式实现知识的学习与掌握，并在与其他小组成员的知识共享中提高人际沟通能力，在彼此合作的过程中使自身的人格得以不断健全。在教学活动中，教材是一种学生人格建构、生活学习与认识发展的范例，促使学生学会反思、批判与建构意义，包括对事物进行认知、分析与理解等，都离不开这一重要载体。教师只有认识到这一点，才能设计出真正符合学生内心需求的教学方案，从而促进学生的全面发展。

3. 合理安排教学程序

要想合理安排教学程序，需要一定的理论支撑。

（1）从认识论角度分析，教学程序包括感知教材、理解教材、练习与实践、检查与巩固。

（2）从课程类型角度分析，诸如组织教学、复习检查、教授新课、总结与作业等，都属于综合课的结构范式。

（3）从学科教学法的角度分析，如问题情境、建立模型、解释、应用与扩展的教材呈现与相应的教学模式，还有数学教学中的分析、综合等。

一系列全新的课堂教学结构模式得以涌现的原因是，在传统教学结构模式的基础上进行了创新，从根本上受到了新课程与教学改革的影响。这些全新的模式只是一种原则性的建议，而非适用于一切情境、学生以及教学内容的固定程序或框架。

（1）教师通过创设一定的情境，使学生的学习热情得以激发，在这一过程中，教师实现对整个过程的调节与控制。

（2）学生通过小组合作、自主探究的学习模式进行学习，教师在其中充当引导者和合作者。

（3）学生在小组合作的过程中，不可避免地会产生一些质疑和疑难问题，学生与学生之间通过相互之间的商讨，最终达成共识。

（4）学生要想实现整体技能水平的提升，就需要参与具体的实践活动，并在活动结束后加以总结。

4. 认真整合课程资源

通常来说，课程的实施条件与来源就是课程资源，包括条件性资源和素材性资源。具体来说，认识因素，设备、设施与环境，时间、空间与媒介，人力、物力与财力等因素属于前者；而目标、情感态度与价值观、活动方式与方法、知识技能与经验等因素属于后者。虽然课程资源的提法与种类众多，但是，要想使课堂教学的学习质量与效率得到提高，就离不开教师的资源整合意识与能力。教师应善于将各种人文资源、社会资源以及自然资源综合运用到课堂教学活动中，在教科书的基础上，通过不同的教学模式，借助不同的教学媒介，提高学生的综合应用能力，促使学习的形式更加生动、学习的内容更加丰富、学习的空间更加广阔。

## 第二节　大学数学教学设计的前期分析

了解情况与调查分析是大学数学教学设计的基础与前提，要想使数学教学质量得到提高，需要教师在大学数学教学设计活动开始前，对学生的综合情况以及教学内容有一个系统性的分析，进而更加有针对性地对数学教学活动进行设计，对数学教学目标加以制定。

### 一、大学数学教学内容分析

学生的学习内容与教师的教授内容，即教学内容，是大学数学教师在开展数学教学设计前，需要认真、系统地加以分析的对象。

从本质上看，数学教学内容是一个数学知识系统，由各种数学资源组成。这一系统具有特定的教学目标，并且能够对教育理论与教学规律加以严格遵循，学生可以按着教学目标向着正确的方向学习。无论是教师还是学生，要想进行教学活动，都必须以教学内容为依据。具体来说，大学数学教学内容分析主要分为如下几个方面。

#### （一）数学教学内容的背景分析

具体来说，数学教学内容的背景分析包括数学知识的产生与发展过程、数学知识与其他学科知识间的有机联系、数学知识在现实生活中的应用。这种全面、系统、整体的分析一方面有利于教师设计出合理的教学方案，另一方面能够促进学生数学综合应用能力的有效提高。

1. 揭示数学知识的产生和发展过程

通过揭示数学知识的产生和发展过程，学生可以深入了解数学知识的内在逻辑和发展规律，从而能够对所学知识产生更加深刻的认识与理解。

2. 分析数学知识与其他学科的有机联系

对数学知识与其他学科知识间的联系进行分析，一方面可以使教师从整体上掌握学科之间的关联，便于数学教学的统筹安排，从而帮助学生更好地巩固所学知识，为未来学习奠定基础；另一方面有助于教师对数学教学在所有教学课程中发挥的作用有一个较为清晰的认识。

3. 分析数学知识在现实生活中的应用

为了让学生对所学的数学知识有一个较为深刻的认识，了解到数学知识的真正用途，教师在教学活动中应最大限度地将理论知识与现实生活紧密联系在一起，帮助学生更好地理解知识与应用知识。

### （二）数学教学内容的功能分析

所谓功能分析是指分析能够有效培养与提高学生数学素质的教学内容的功能，便于教师挖掘与钻研隐含在数学教学内容中的价值。这些价值包括应用价值、思想教育价值与智力价值。

1. 应用价值

应用价值是数学教学内容众多价值中的一种，强调的是教学内容对于培养与提高学生认识与解决现实问题能力的意义与作用，具体表现为通过知识的学习与掌握，使学生能够在现实生活、生产实践以及科学技术方面发挥出数学的积极作用。

2. 思想教育价值

所谓数学的思想教育价值是指学生通过学习与掌握数学知识，能够树立起正确的三观，塑造出健全的人格，以及培养出优秀的品质。

3. 智力价值

所谓智力价值是指学生通过学习数学知识，可以促使自身的数学思维与数学应用能力得以培养与发展，具体包括数学能力的提高、数学思想方法的训练、数学思维品质的培养等。教师在教学过程中不仅要关注数学知识的教授，还要将其智力价值充分考虑进去。

### （三）数学教学内容的结构分析

通常来说，对于教学内容中的知识要点、内容安排、教学次序以及知识重难点的分析，就是数学教学内容的结构分析。

1. 数学知识结构

一般情况下，感性材料引入，概念、定理、公式、法则及其应用介绍，即教学内容的结构。

2. 数学教学结构

通俗来说，数学教学结构就是教学顺序，是指将具有一定深度和广度的数学教学内容，以一种易于学生接受与理解的教学形式，按照科学且合理的顺序向学生传授。依据教学顺序对教材进行编写，一方面能够将数学结论与事实呈现出来；另一方面能够将教学方法的安排充分体现出来，促使学生通过独立思考寻找到结论。可以说，教材的编写顺序和叙述方式不仅是为了便于传授数学知识，还反映了教学方法和教学顺序的选择。教材结构也呈现了教学结构的模式，对于设计数学教学有很大的帮助。

3. 重点、难点和关键点

所谓教学重点是指在学生学习的教学内容中发挥承上启下的作用，以及对学生认知结构起核心作用的关键部分，该部分内容在学生学习过程中应用广泛，是不可缺少的一个重要环节。教学重点包括基本技能的训练、数学思想方法、公式法则、定理、概念等。一般来说，教学内容对学生知识结构的构建发挥的作用决定着教学重点。

所谓教学难点是指对于学生而言，在学习时比较难以理解与接受的知识内容。它与学生的接受能力与认知能力有着密切联系，同时以往所学知识的扎实程度也影响着学生对于新知识的接受程度。通常来说，产生难点的因素主要包括各种逆运算，要求运用新的方法与观点去理解与认识新知识，研究的概念本质属性不容易发现，知识的内在结构较为复杂，知识相对抽象，等等。教学难点的总结，需要教师进行一系列复杂的工作，从多个维度展开教学内容分析，诸如学生学习心理障碍、教学过程的矛盾、教材本身的特点等。

所谓教学关键点是指在学习过程中能够起到决定性作用的知识内容，若是对这部分知识做到理解透彻、运用自如，那么其他相关知识的学习也便较为容易。

### （四）数学教学内容的要素分析

数学教学内容从本质上看是一个由多种基本要素构成的系统。通常而言，感性材料、概念和命题、例题及习题等都属于数学教学内容的基本要素。而对这些要素展开的分析，便是数学教学要素分析，这在一定程度上便于数学教学活动的展开，并为其提供可靠依据。

1. 感性材料

在数学教材中，一些新的命题与概念通常隐含在一些联系现实生活的问题以及部分图形材料中，这些便于学生理解与接受的材料，我们称之为感性材料。要想使学生透彻理解新命题与新概念，就必须使抽象知识具象化。

2. 概念和命题

通常来说，数学知识结构的核心部分便是数学概念，它是在人脑中呈现出的关于现实世界的数量关系与空间形式的本质特征。对数学概念的学习，其本质就是对图形与数量关系的共同本质的概括过程，需要分别对数学概念的属性、例子、定义以及名称加以分析。

3. 例题

例题实质上是一种教师用于示范的数学典型问题，它在一定程度上可以帮助学生更好地对数学定理及概念加以理解、掌握与灵活运用。一般情况下，文化育人、思维训练、巩固新知、介绍新知、揭示方法、示范引领等都是例题所具备的功能。例题能够将编者的意图、教材的教学要求充分反映出来，具体包括解题步骤如何书写、难度控制到什么程度、能够解决哪些类型的问题、概念和定理有哪些具体的应用等。

4. 习题

所谓习题是指一系列训练材料，涉及计算工具的使用、测量、论证、推理、运算等方面，其目的在于培养学生的独立思考能力，帮助学生形成一种学习技能，巩固所学知识，加深对所学知识的理解，等等。一般来说，习题的分类、习题的数量以及习题的使用方式是习题分析的三个方面。

## 二、学习类型与任务分析

### （一）学习结果类型分析

态度、动作技能、认知策略、智慧技能及言语信息是学习结果的五大类型。所谓态度是指经过后天长期积累逐渐形成的一种学习结果，它本质上是影响学生后天学习行为选择的一种内部倾向。所谓动作技能是指通过规则的运用对自身肌肉活动加以调节与控制的能力。所谓认知策略是指通过规则的运用对自身的认知过程加以调节与控制的能力，涉及自身思维、记忆、学习以及注意力等，其测量对象是学生的认知能力，而提供有待解决的新的问题情境则是其测量方法。所谓智慧技能是指通过数学符号的运用，使现实问题得以解决的能力，诸如计算某一房屋或土地的面积，可以套用数学公式“长方形面积＝长 × 宽”将其求出。所谓言语信息是指通过文字符号或者言语符号的运用，可以将信息传达出去，诸如整体性知识、事实、符号等。

数学学习结果是大学数学教学设计时需要考虑的重要因素，结合以上有关学习结果的分类，以及大学数学学科特点，可以将数学学习结果大致分为八大类型。

（1）事实、图形表示、符号及数学名称等，即数学事实。

（2）数学的抽象概念与具体概念，即数学概念。

（3）数学的法则、公式、定理与公理等，即数学原理。

（4）通过综合运用数学原理与概念使相对复杂的问题得以解决，即数学问题解决。

（5）具体的数学方法、思想逻辑方法以及数学观念，即数学思想方法。

（6）数学交流、使用计算器、绘制图表、数据处理、作图、推理、运算等，即数学技能。

（7）促进长时记忆的策略和数学解题的策略、促进新旧知识联系的策略、促进掌握新信息内在联系的策略、促进短时记忆的策略、促进注意的策略等，即数学认知策略。

（8）良好的个性品质和辩证唯物主义观点，涉及创新精神、科学态度、信心、意志、兴趣、学习动机等，即数学态度。

### （二）学习形式类型分析

学生原有认知结构中的知识与新知识之间的关系构成了三种不同的学习形式类型：上位是原有知识、下位是新知识的是第一种学习形式类型，即下位学习；上位是新知识、下位是原有知识的是第二种学习形式类型，即上位学习；新知识与原有知识是并列关系的是第三种学习形式类型，即并列结合。下面将对三种学习形式类型进行详细分析。

1. 下位学习

与新知识相比，原有的知识在概括水平与包摄性方面具有一定的优势，类属关系是新旧知识的构成关系，又称为下位关系。同化通常是新知识与旧知识之间相互作用的方式，能最大限度地将新知识纳入旧有的知识体系。

2. 上位学习

上位学习又称总括学习，即在原有知识结构的基础之上，经过分析、概括、总结、归纳、抽象、综合之后形成的一种全新的抽象水平更高的概念或命题，换句话说，就是在原有知识体系中重新构建出一个全新的知识体系。

3. 并列结合

所谓并列结合实质上就是指原有认知结构中的知识与新知识之间的关系，它既不属于总括关系，也不属于类属关系，而是相互平等的并列关系。并列关系的前提是新知识与旧知识存在某种程度上的相似性，因此，新知识也可能会被旧知识同化。

对于上述三种学习形式类型，新旧知识相互作用的过程与结果通常取决于三者的内外部条件，于是，便产生了与之相对应的教学方式。通常来说，接受学习方式适用于下位学习形式类型，发现学习方式适用于上位学习形式类型，探究学习方式适用于并列结合学习形式类型。因此，要想选出最优的教学方式，就需要提前了解清楚新旧知识之间的关系。

### （三）学习任务分析

所谓起点能力是指学生在接受新知识之前，旧有的知识技能的准备水平。所谓终点能力是指通过一定的教学活动之后，学生掌握了获取新知识的技能。而所谓先决能力是指学生由起点能力转化为终点能力所必须掌握的知识技能。对于先决能力及其相互的关系加以详细剖析的过程就是学习任务分析。通常来说，教学条件的创设以及教学顺序的安排，需要通过学习任务分析得以实现。

1. 学习任务分析的过程

由终点能力开始，逐步对其先决技能进行揭示。经过“学生要达到这一目标，他预先必须具备哪些能力？”这一问题的反复提出，最终直至找到学生的起点能力为止，并将这一过程中学生需要掌握的每一个先决技能依次记录下来。具体内容如下。

（1）终点能力的确定。

（2）对学生为了达到终点能力必须最先掌握的先决技能加以确定。

（3）对学生为了达到最先掌握的先决技能而需要通过的先决技能加以确定。

（4）以此类推，将所有的先决技能找出来。

（5）经过上述操作，对每一个先决技能进行排序。

通过分析学习任务，对学生由起点能力到终点能力需要经过的先决技能加以确定，从而保证后续教学顺序设计的顺利进行。

2. 学习任务分析的方法

归类分析法、层次分析法及信息加工分析法是根据学习任务的类型划分出的三种方法。

（1）归类分析法。本质上是一种用于信息分类的分析方法，尤其是在语言信息教学目标分析中较为常见。基于分类方法的确定，归类分析法将促使教学目标实现的知识加以分类，从而对教学内容、范围加以确定。

（2）层次分析法。层次分析法是对为了实现教学目标而需要掌握的先决技能加以分析的方法。具体来说，层次分析法就是按照逆向思维方式，以实现最终教学目标所需要掌握的能力为起点，以学生所需掌握的起点能力为终点，逐级对所需掌握的先决技能加以确定的分析方法。

（3）信息加工分析法。信息加工分析法是基于信息加工理论的操作过程或分析心理的方法。此类方法中每一个步骤的排序既可以是根据某一步骤出现的结果，经过判断之后，转向其他途径，也可以是线性的、单一的顺序，即直线式的方法。

与此同时，教师还需要对教学目标编制与学习任务分析之间的关系加以明确。所谓学习任务分析是指对学生的起点能力转化为终点能力所需要掌握的先决技能，以及与之相关的关系加以详细剖析的过程，其中终点能力实质上就是教学目标。因此，在进行学习任务分析之前，需要对教学目标加以明确，只有这样，对学习任务的分析才不会迷失方向。但是从理论角度出发，学习任务分析需要以教学目标的编制为基础，因此，在教学设计中，教师要想处理好教学目标编制与学习任务分析之间的关系，需要在具体实践过程中，依据数学课程标准进行实际操作。

## 三、学生情况分析

对学生的学习风格、学习准备等情况加以了解，就是对学生进行分析的目的，能够有效地提供相应的科学依据，包括教学模式的采用、教学过程的安排、教学目标的确定、教学内容的选择与组织等，从而促使数学教学设计的实效性与针对性得以提高与加强。在教学设计前期分析中，对学生情况的分析具有十分重要的意义与作用。

### （一）一般特征分析

我们将影响学生学习进程与效果方面的社会、心理、生理等方面的特点，以及与数学科目不存在直接关联的特征称为学生的一般特征。通常来说，与学生相关的诸多因素都属于学生一般特征分析的对象，如学生的社会背景、生活经验、学习动机、心理发展水平、认知发展特征、性别、年龄等，其中最为关键的一环便是对学生认知发展特征的分析，它能够真实反映学生接受新知识的能力与水平。在这里，知识的获得与使用就是认知，而主体随着时间的推移，获取新知识与解决问题的能力发生的变化现象与过程就是认知发展。对不同年龄阶段学习者的数学认知发展与一般认知发展特点加以分析，就是学生认知发展特征分析，具体来说，就是认知结构、发展的条件与机制、发展的一般特征与总体水平等。

### （二）学生起点水平分析

学生在学习与接受新知识时所具备的已有的知识水平与心理发展适应性，即学生起点水平。可以说，教育的目的地即教学目标，而教学的出发点即学生的起点水平。要想确定教学出发点，就需要对学生的起点水平加以分析与了解。从数学学习的角度出发，学生数学学习的心向、学生具有的学习技能与知识基础等，都是学习起点水平的分析内容。

（1）学生知识基础的分析。当学生将所学新知识融入已有的认知结构时，意义学习才会发生。因此，学生的认知结构是众多影响课堂教学中意义接受学习的最为关键的因素。学生脑海中已有的理论、命题、概念等构成了认知结构，它是学生已有知识的组织方式与数量清晰度。因此，最大限度地将新知识融入学生原有的认知结构，能够有效推动学生新知识的学习。

（2）学生技能基础的分析。在技能先决条件基础上的分析方法是一种常见的分析学生技能基础的方法。这种方法开始于终点技能，结束于起点技能，是介于二者之间的先决技能，也就是教学目标所必须掌握的技能。教师只有逐级分析了解每一个先决技能，才能根据学生的技能起点水平，设计出符合学生实际情况的教学方案。

（3）学生学习心向的分析。通常来说，接受与排斥、喜爱与厌恶、趋向与回避往往是学生学习心向的表现形式，学习心向本质上是个体行为选择的内在倾向。一般情况下，认知成分、情感成分与行为成分是学习心向的三种成分。具体来说，学生对所学知识持有的一种带有某种评价意义的信念与观念，称为认知成分；而作为学习心向的核心成分，随着认知成分而出现的某种情感或情绪，称为情感成分；作为构成学习心向的准备状态，学生对所学内容表现的行为意图，称为行为成分。这三种成分是彼此协调统一的，既能够同时考查，也能够分别考查。

## 第三节 大学数学教学方案设计

前面我们对“教什么”的问题进行了详细阐述，即对教材、学生加以了解，以及对教学基础和教学内容加以掌握，那么下一步“如何教”的问题则成为接下来研究的主要对象。我们说教学设计的归宿是教学方案的设计。通常来说，确定数学课程类型、编制数学教学目标、选择数学教学模式、设计数学教学顺序、设计数学教学活动、选择数学教学媒体、编制数学教学设计方案等均属于数学教学方案的设计内容。

### 一、确定数学课程类型

通常来说，大学数学课程类型多样，如综合课、讲评课、测验课、复习课、练习课、新授课等。我们说，课程类型决定着数学教学方案的设计。

课程的划分是课程类型得以确定的基础。一般来说，按照年级划分出若干单元是数学教学的划分方式。要想完成最终的教学任务，就需要将每一个单元划分为一定数量的单位，以课时为单位，最终累计完成整个教学任务。具体的划分步骤为：第一，按照习题与例题的数量、教材的内容、教学参考书的要求以及数学课程标准，结合学生学习情况，对教学课时加以明确；第二，以课时为单位对本单元教学内容进行划分；第三，基于每一课时教学内容的确定，对每一课时的课题进行罗列。

从课时角度分析，教师要根据不同的教学任务，基于对学生学习情况与数学教学内容的分析，将相应的课型确定下来。通常新授课适用于数学定理与概念的学习，练习课适用于学生学习技能的掌握，等等。

### 二、编制数学教学目标

教师编制数学教学目标时，首先要参考课程标准规定的相关要求与课程目标，其次要充分考虑学生的实际学习情况。教师一方面要将关注点集中在“学什么”的问题上，另一方面还要考虑学生学习这些新知识之后能够实现哪些目标。数学教学目标的编制本质上是设计者希望借由数学教学活动实现某一目标，达到某一种理想状态。而要想对教学内容加以明确，促使学生获得某种程度的发展与进步，就离不开对数学教学内容的详细分析。

### （一）编制数学教学目标的要求

要想最大限度地使教学目标的功能得以发挥，在编制数学教学目标的过程中，就必须遵循如下几点要求。

（1）全面性。在对每节课的教学目标进行设计时，教师对学生发展的全面考虑是至关重要的，可以在一定程度上体现出教学目标在促使学生全面发展方面的特征。这具体表现为对学生情感态度与数学学习能力的重视。

（2）具体性。编制数学教学目标，需要满足具体要求。具体要求指的是目标应该清晰、明确、具有可操作性，给学生的指引必须直观明了，让学生清晰地理解本次教学目标，并且有明确的方法去实现这些目标。具体化的数学教学目标要求学生在学习过程中对理论和方法产生深刻的认识，同时将学到的知识和技能应用到实际问题的解决中，从而提高学生的学习能力和综合应用能力。

（3）准确性。教师必须结合学生的学习情况与教学内容的具体要求，对数学教学目标进行准确编制。一方面要激发学生的积极性，另一方面要与学生的实际情况紧密相连。这样要求教学目标既不可过高也不可过低。

（4）明确性。编制数学教学目标的明确性要求是指教学目标必须明确、具体，不含任何模棱两可的内容。数学教学目标应该明确指出学生需要掌握的知识和技能，以及能运用这些知识和技能解决的实际问题，同时，需要明确学生应该达到的水平和标准。具体而言，明确的数学教学目标可以使学生更清晰地理解自己的学习目标及其实现路径，使教学效果更加显著。教学目标不明确不仅让学生感到困惑和迷失，也难以评估和衡量教学成果。

（5）灵活性。在编制数学教学目标时，教师应当做到具体问题具体分析，针对不同学习层次的学生，应当制定与之相适应的教学目标，并且在实践过程中，随着教学情况的变化对教学目标进行及时调整。

### （二）数学课堂教学目标编制的步骤

（1）对数学课程标准进行学习。实现对数学教学要求、数学教学内容、数学课程目标的了解，以及对数学测试评估的要求与方法、数学教学原则的明确。

（2）对单元教学目标加以明确。鉴于单元教学的子目标和课堂教学目标，要想对课堂教学目标加以明确，教师应当对单元教学目标有所了解与掌握，从而更好地对本单元的教学目标进行分解。同时，结合本课时的教学内容，教师要对教学目标加以明确。

（3）对课堂教学的具体要求与内容进行明确。基于对课堂教学内容的熟知，教师要对教材的编写意图进行领会，并进一步分析本节课的教学内容类型，在此基础上，通过对习题、例题难度与要求，教材的广度与深度以及本单元教学目标的了解，对每一个学习内容所应达到的水平加以明确。

（4）对学生的学习特点与基础加以了解。通过分析学生的学习情况，教师对学生的学习习惯、心理特点及起点能力加以掌握，从而为教学目标的编制奠定良好的基础。

（5）对教学目标进行确定与陈述。要想对不同的内容与水平加以区分，就需要教师对教学目标的编制方法加以确定。

### （三）数学课堂教学目标陈述

数学课堂教学目标的陈述在设计教学目标中占据重要位置，要想使教学目标的功能得到充分发挥，就需要对教学目标进行准确陈述。以下内容为教学目标陈述的四种方法。

（1）学生是数学课堂教学的对象。学生的行为应当是行为目标描述的主要内容，规范的行为目标开头应当是“学生能……”，而非“通过教学，培养学生……”或“教给学生……”等。

（2）学生所形成的可测量、可观察的具体行为描述，即行为，如画出、做出、指明、识别、列出等。

（3）学生完成行为时所处的情境，即条件，具体来说，就是基于何种情况对学生学习结果进行评价。

（4）行为完成质量的可接受的最低衡量标准，通常通过不同角度进行确定，如行为的质量、准确性及速度等。

在编制教学目标时，往往可以忽略行为主体，因为它通常是尤为明确的。其中不可省略、需要特别写明的部分就是行为的表述，它是最基本的部分。而选择部分则是标准与条件。若是在教学目标中没有写明标准，那么便默认为要求正确率为100%。

## 三、选择数学教学模式

在制订大学数学教学计划时，教师应明确授课类型和目标，然后针对这些内容选择或设计合适的数学教学模式。在第三章中，我们将对数学教学模式进行详细解释和探讨，本章节不再进行详细阐述。

## 四、设计数学教学顺序

数学教学过程的前后次序就是数学教学顺序，通常可以从三个方面进行阐述，分别是数学教学内容顺序、教师活动顺序以及学生活动顺序。数学教学内容顺序是指学生所学的数学知识、技能出现的先后次序，也就是教师教授内容的先后顺序。教师活动顺序是指教师开展数学课堂教学活动的先后次序，也就是教师先开展什么教学活动，后开展什么教学活动。学生活动顺序是指学生开展学习活动的先后次序，也就是学生先进行什么学习活动，后进行什么学习活动。教师在进行教学设计时必须考虑周全。上述三个方面在开展教学活动时基本是同步进行的，并且三者彼此相互联系、相互作用，因此，要进行整体设计。但是，教师应将主线设定为数学教学内容顺序，以此为中心，对教师活动与学生活动进行设计。因此，数学教学内容呈现的顺序设计将是教师讨论的主要内容。

一般来说，不同类型的学习，其学习条件与教学顺序往往影响着最终的学习结果，具体内容如下。

### （一）数学事实的呈现顺序

通常，数学命题的内容、数学概念及数学符号的名称等都是数学事实。数学事实一般分为两类：一类是具有某种逻辑联系的数学事实，其顺序设计需要根据逻辑关系进行安排；另一类数学事实之间不存在任何关联，其顺序设计的先后没有太大的影响。

### （二）数学概念和原理的呈现顺序

1. 从简单到复杂、从特殊到一般

若所学内容与以往学过的原理和概念相比具有较高的概括程度，则属于上位学习，那么教学内容呈现的顺序应当是从较简单的先决技能到较复杂技能、从已知到未知、从特殊到一般，由易到难、由浅入深，从而便于学生的理解与接受。

2. 由一般到个别，不断分化

若所学内容与以往学过的命题或概念相比，其概括程度较低，则属于下位学习，那么数学教学内容应当按照不断分化的顺序进行安排，即由一般到个别、由整体到部分。

3. 用类比的方式

若所学内容与以往学过的命题或概念相比，二者之间是并列关系，则属于并列结合学习，那么教学内容呈现的顺序可以采用类比的方式。

4. 从实践到理论、从感性到理性

还有一种教学内容的呈现顺序是部分过于抽象，不易被学生理解与接受的教学内容，可以借助现实生活中的实例进行教授，使学生在实际操作活动中更加深刻地理解所学概念或命题，从而将其从具体问题中抽象出来，再对现实生活加以指导，促使实际问题得以解决。

5. 发现学习

从发现学习理论角度出发，教师在教授知识时，通过创设一定的教学情境，引导学生发现问题、分析问题并最终找到解决问题的最佳方案，其具体步骤如下：创设情境，提出问题；学生根据教师提供的资料，做出问题假设；学生通过实际操作对假设进行验证，学生之间存在的不同观点，可以进行辩论与讨论；

最终得出结论。

### （三）数学技能的呈现顺序

通常来说，认知、分解、定位是数学技能教学顺序的三个阶段。具体内容有：首先，对有关理论知识、操作要领以及注意事项进行讲解，对整个技能进行示范的过程，即认知阶段；其次，对整套程序进行分解，从而得到若干局部的单个动作，便于学生的学习与掌握，即分解阶段；最后，基于上述操作，将整套程序呈现在学生面前，使学生对整套程序进行模仿、尝试掌握，经过反复练习，最终形成熟练技能，即定位阶段。

## 五、设计数学教学活动

一般来说，以教学班为单位的数学课堂教学活动就是数学教学活动。它在高校数学教学工作中发挥着基础性作用。数学教学活动实质上是一个完整的教学系统，导入、创设教学情境、进行课堂提问、例题讲解、习题练习、数学小结等关键环节共同构成了数学教学活动，其相互之间存在一定的关联性与逻辑性。下面将对数学教学活动设计进行详细阐述。

### （一）导入设计

教师在教授某一新知识时，将学生引入特定的问题情境，引导其展开思考与学习活动的教学行为方式，即导入。这种设计在数学教学活动的起始阶段较为常见，是教师组织教学活动需要掌握的基本技能之一。

1. 导入设计的原则

（1）针对性原则。导入设计应尽量贴近学生的现实生活和学习需要，关注学生对数学知识的兴趣和认知特点，根据学生的知识水平和学科背景有针对性地设计课程内容，提升教学效果。举例说明，在教授数学基础知识时，教师可以通过名人故事或历史事件来引入一些数学概念或原理，使学生产生兴趣，并主动学习相关知识。

（2）趣味性原则。导入设计应该充分发挥数学的趣味性和艺术感染力，通过一些生动有趣的场景、材料和现象，刺激学生的好奇心，营造良好的课堂氛围，激发学生的学习热情。具体来说，教师可以在解决某些有趣的数学问题或数学谜题时，引导学生感受数学之美，激发他们对数学的兴趣与热情。

（3）多样性原则。导入设计要富有多样性，运用多种教学策略和方法，满足学生的多样化需求和学习风格。比如，在讲解某些数学概念时，教师可以采用多媒体、互动游戏、实验演示等多种形式，使学生更好地理解和掌握相关知识。

（4）简洁性原则。导入设计内容应简洁明了，具有可操作性和实用性，使学生能够在短时间内理解和消化，形成良好的学习习惯和思考方式，以利于后续教学的开展。

2. 导入的方法

（1）原有知识导入。数学教学方法中的原有知识导入法是一种循序渐进、逐渐深入的教学方式。采用这种方法在开始新的数学课程内容之前，让学生回顾之前已经学过的知识点，并通过梳理，逐渐引领学生进入新的知识点，让学生更好地掌握新的数学知识。原有知识导入法主要是通过回顾、梳理原有知识，来增强学生的信心和学习兴趣，同时让学生更好地理解新的知识点。教师可以运用各种方式，如回忆、复习、总结等，使学生更好地理解和掌握之前学过的知识。学生在回忆原有知识的过程中，也能够更深入地思考、探究原有知识，从而更加有利于新知识的学习。在数学教学中，原有知识导入法非常实用。例如，在教授线性函数时，教师可以通过复习恒等函数、一次函数等原有知识，再将其与线性函数的定义结合起来，让学生更好地理解线性函数的概念和应用。

（2）直接导入。直接导入即直接说明本节课要讲授的新知识或技能的方法。这种方法直接明了，能迅速概括课程模块，也能引领学生精神高度集中进入学习状态，促使学生能够在短时间内对本节课的基本内容有一个大致了解。例如，在教学数列概念时，教师可以直接讲解数列的定义、性质和特征，帮助学生快速理解新概念，打开学习的大门。

（3）类比导入。数学教学中的类比导入法是通过找到教学内容中与学生已有的生活经验或已知知识相似的情境，将难以理解的数学概念或问题用类比的方式进行讲解，帮助学生更好地理解和应用数学知识。类比导入法能够提高学生的学习兴趣，促进学习效果的提升，更好地激发学生对数学的兴趣和热爱。

（4）设疑导入。设疑导入是一种常用的数学教学方法，它通过在教学内容中刻意埋设难以理解或解决的问题，以引起学生的思考和探究，从而激发他们的学习兴趣和主动性。具体来说，巧妙设疑是设疑导入方法的关键，需要教师在设计问题时考虑到学生的背景知识和学习层次，避免问题过于简单或过于复杂，要使学生能够在短时间内思考出答案。疑点要具备一定难度指的是设疑问题相对于学生已有的知识水平应该有一定的挑战性，可以引发学生的疑惑和探究欲望，帮助学生在思考中掌握新知识和方法。以疑激思是设疑导入法的目的，即通过问题引发学生思考和探究，促使学生主动思考，激发学生的求知欲望，从而提高学生学习数学的积极性和主动性。因此，在数学教学中，教师应根据学生的情况巧妙设疑，设疑点要具备一定难度，最终以疑激思，引导学生深化理解，掌握数学知识和技能。

（5）情境导入。情境导入是一种注重实际应用，强调学习与生活、实践相结合的有效教学方法，通过逼真、生动的情境为学生提供学习启示，激发学生思考，帮助学生更好地掌握数学知识和技能。在运用情境导入法时，教师需要注意以下几点：首先，要选择富有现实感和生动形象的场景，通过问题引导学生思考，激发学生的求知欲望；其次，教师需注意情境过渡，尽量避免与课程内容毫不相关的场景或情境，确保场景设计与学习目标紧密相连；最后，应充分利用多媒体技术，如图片、视频等，加强场景感知，为学生提供更直观、丰富的视觉介质，增强学习效果。

### （二）数学问题情境设计

数学问题情境设计指的是在数学教学中，通过构建具有实际意义的场景或情境，来引导学生思考和解决数学问题的方法。通过情境设计，学生可以更好地理解、应用所学数学知识，提高学习兴趣。情境设计不仅可以体现数学知识的应用性和实用性，还可以帮助学生提高发现问题和解决问题的能力，加深学生对数学思维模式和方法的认识，提高数学学习的有效性和深度。

#### 1. 数学问题情境设计的原则

通常来说，数学问题情境设计需要遵循如下几个原则。

（1）问题要具体明确。教师在设计问题情境时，一定要紧紧围绕教学目标，力求问题设计的具体性与明确性，只有这样，才能引导学生向着正确的方向思考，从而促使问题得以解决。在数学问题情境设计中，这一原则是最基本的原则。

（2）问题要切合学生的实际。教师在充分研究教材与学生实际情况的基础上，对数学问题情境加以设计，在一定程度上促使学生的思维得以拓展、逻辑推理能力得到提高。

（3）问题要有新意。要想激发学生的学习热情与学习兴趣，就需要设计一些具有新意的问题，从而使其求知欲得以激发。

（4）问题要有启发性。问题要更贴近实际，富有指导性、启发性，激发学生的思维创新和独立探究。

在进行数学问题情境设计时，教师需要注意以下事项：①现实性、趣味性、新颖性、艺术性应当是提出问题的主要特征；②设计的问题应当具有一定的层次性，由易到难、由浅入深；③数学思想和模型用于探索所提出的问题。

2. 创设数学问题情境的方法

（1）为了最大限度地调动学生的学习热情，教师可以通过数学家的故事及历史故事，对情境问题进行创设。

（2）创设数学问题情境，可以让学生深入了解数学知识的产生和发展过程，学习到各位数学家探索和发现数学知识的思想和方法，实现对数学知识的再发现过程。特别是在定理和公式教学中，教师可以引导学生关注概念的实际背景与形成过程，帮助他们摆脱机械记忆概念的学习方式，更深入地理解数学概念。这种方法的重点在于，在学习抽象概念时，要让学生了解其实际背景与形成过程，从而提高学生对概念的理解和掌握能力。

（3）数学是一门具有广泛应用性的学科，它在现实生活中扮演着不可替代的角色。在数学教学中，如果教师能够适当地创设问题情境，揭示数学的现实价值，让学生领会学习数学的社会意义，就能有效地激发他们的学习兴趣，帮助他们更好地掌握数学知识。

（4）通过数学活动和实验，教师可以为学生创设有趣的问题情境，让他们动脑思考、动手操作，体验到“做数学”的无穷乐趣。随着实验的进行，学生在收获知识的同时，也获得了成就感。这种方式让学生更深刻地理解数学，从而更加热爱和享受学习数学的过程。

（5）计算机技术不断发展，已成为现代教育的得力工具之一。在数学教学中，教师可以将计算机作为创设问题情境的工具，充分发挥其创新教育功能，提高数学教学的效果和质量。通过利用计算机制作数学课件，教师可以将抽象的数学概念和原理形象化、具体化，增强数学课堂教学的生动性和趣味性，最大限度地将学生的学习热情与兴趣激发出来。

### （三）提问设计

1. 提问的类型

数学提问是数学教学中常用的一种教学策略，通过有针对性的提问方式，引导学生探究知识、理解思想、研究问题、解决疑惑，提高学生的数学思维能力和解决实际问题的能力。数学提问根据问题的性质，大致分为以下六类：①回忆性提问，即学生回忆和复习既往学过的数学知识点和理论，巩固知识记忆，为下一步教学做铺垫；②理解性提问，即对于一个知识点提出一系列问题，引导学生通过自我理解、翻译和运用，掌握该知识点和规律，同时培养学生独立思考和分析问题的能力；③应用性提问，即在实际生活中进行实际的数学知识应用，激发学生的兴趣，让学生了解如何将理论应用到实际中，使数学学习变得真实、生动、易于掌握；④分析性提问，即对于一个数学问题进行深入探讨、分析和解剖，让学生可以用更精细、更严谨的思维方式去解决问题，向系统的数学思维转化，提高分析问题、解决问题的能力；⑤创造性提问，即让学生在具体条件下进行探索、发现、交流，并不断创新、发明，培养学生交流、发明、探究的能力；⑥评价性提问，即提出具体问题，引导学生对一种做法或方法进行评价，让学生明确自己的观点，并提出可行的解决办法，提高学生理性思考和判断能力。

数学课堂教学提问过程通常分为四个阶段：引入、陈述、介入、评价。引入阶段是提问前的铺垫，引导学生进入新的数学知识点的学习；陈述阶段是提问内容的阐述和描述，让学生更加全面地了解问题或知识点；介入阶段是针对学生不同的认识和表现，有针对性地进行引导、分析、解释，从而更好地引导学生深度思考；评价阶段是对学生提出的回答进行概括和评价，促进学生总结经验，提高他们的分析能力和判断能力，并鼓励他们不断提高自己的思考能力和成就感。

2. 提问设计的原则

为了达到理想的提问效果，教师在设计提问时需要遵循如下几个原则。

（1）趣味性原则。提问需要具有吸引学生视觉和听觉的效果，通过激发学生的兴趣和好奇心，让他们热爱数学。科学的数学提问应该从学生的角度出发，针对学生的认知特点和审美情趣，设计相应的问题，以便他们更容易理解和思考。

（2）目的性原则。教师设计提问的目的在于引导学生深入了解数学概念及其运用，又或者是复习和巩固所学内容。因此，问题的安排顺序和难度需要符合预定的教育目标，以确保提问是具有目的的和有效果的。

（3）科学性原则。在设计数学提问时，教师应遵循系统深度理解数学知识的科学教育原则，让学生更好地理解和掌握数学方法和规律。科学性原则还关注问题的准确性和全面性，以确定学生是否掌握行之有效的数学方法。

（4）启发性原则。好的数学问题可以启发学生思维，并帮助他们运用数学思维解决问题。问题可以协助学生发现数学规律和定理，提高学生分析和推理能力，培养他们发散性和创新性的思维模式。

（5）针对性原则。教师应该根据学生知识的掌握程度、认知特点、学习偏好、兴趣和潜能等提出问题。在有针对性地设计问题的过程中，教师也应考虑学生解答问题的能力，以避免问题难度过大造成学生产生挫败感和不理解等情况。

（6）顺序性原则。数学教学贯穿学生的学习过程，而正确地设计问题需要从比较浅显的阶段对学生进行顺序性提问。通过适度升级问题难度，教师可以允许学生逐步掌握新概念和技能，建立更好的知识结构。

### （四）数学例题设计

数学例题是指在数学教材中被用来说明某个概念、定义、定理或算法的具体问题，一般带有详细的解析和说明。通过学习和掌握例题，学生可以更好地理解和掌握数学知识，提高解题能力和数学思维水平。数学例题也是教师教学中常用的教学工具之一。

数学例题具有多重功能，如提高学生数学能力、加深学生理解、引入新知识以及解题示范等。因此，在数学教学设计中，教师应当对数学例题的设计给予重视。

通常来说，有序性、变通性、科学性、启发性、典型性、目的性是数学例题具有的特征。示范性与典型性是教科书上例题的特征，然而在设计时也需要对教科书上的例题进行深化、改造与深入剖析。

下面是数学例题设计的具体步骤。

（1）例题的选择。在数学例题设计中，例题的选择应当考虑教学目标、教学内容、学生的学习情况和兴趣等因素，所选例题应具有典型性、目的性、科学性和启发性，体现数学概念和思想，突出问题本质，引导学生探索和发现规律，提高学生解决问题的能力，激发学生的学习兴趣和积极性。

（2）例题的编制。当根据例题设计要求，暂时没有合适的、现成的数学例题时，教师需要对现有例题进行改编或自编。改编或自编通常有以下六种方法。①类比法。将一个问题与另一个类似的问题进行比较，找出它们的相似之处，从而引导学生理解和掌握类似问题的解决方法。可以将已知问题的方法应用到待解决问题中，从而得出解决思路。②特殊化或一般化。特殊化或一般化是将一个问题转化为另一种特殊的或更一般的形式，以便更好地理解和解决问题，如将一个二次方程变为二元二次方程组。③引申和拓展。从不同视角展开对原题的联想，可以对题目的条件与结论同时加以更改，从而得出一个全新的题目；或者仅对原题的条件进行更改，而不改变原题的结论，从而得出一个全新的题目；或者基于原题中的已知条件，对已有结论进行引申，从而得出一个全新的题目。④倒推。从问题的已知结论出发，逐步推导得到问题的解决方法。通过对已知结果的分析从而提高学生解题的思考能力与创新能力，使学生掌握在求解过程中的逆向思维。⑤逆向变换。通过构造逆命题，使新题目得以编制，即将原命题的条件与结论进行互换。⑥组合。将多个不同的数学知识点进行组合，编制出新的具有挑战性和创新性的问题。

（3）例题的编排。在数学例题设计的具体步骤中，例题编排是非常重要的一个环节，能够帮助学生更好地掌握知识点，提高数学学习的能力。下面介绍四种常见的例题编排方式。①一题多变式。在设计一道例题时，教师可以从一个题目出发，通过变换其中的条件与结论，由特殊到一般、由简单到复杂，获得问题，编排成一个系列。②分类式。将一类题目按照其特点进行分类，编排出多个相关的题目。③递进式。一道题目有一个或多个条件，通过逐步变化条件、增加难度，设计出递进的练习题目。④同一条件式。在一类题目中使用相同的条件，由简单到复杂、由易到难地进行问题顺序的编排。

### （五）数学习题设计

数学习题从不同的角度可以划分出不同的类型。具体来说，按照使用方式可以将习题分为总复习参考题、单元复习、课外作业、课堂练习等，按照题型可以将习题分为开放性习题与封闭性习题。习题的作用不仅在于对知识点的巩固和加深，更在于培养学生逻辑思维、创新思维、分析问题的能力、数学语言的表达能力以及进行独立自主思考和解决问题的能力。教师在习题设计时需要注意每一道习题、每一类习题的分量，并对不同习题的具体要求与使用方式加以明确。

除了上述对于数学习题的设计要求之外，教师还需要贯彻如下六点原则。①温故原则。要考虑已经学过的知识点，编制与之相关的习题，巩固复习知识点。②解惑原则。应当把难点、易错点、易混淆点制作成习题，让学生有针对性地解决问题。③普遍化原则。设计习题应涵盖学生所学知识点基础，并能有效扩展其认知深度，挖掘其知识潜能。④适度原则。习题不宜过于简单或过于困难，以充分发挥学生的能力。⑤多样性原则。习题要具有多样性，包括选择题、填空题、简答题、应用题等多种类型。⑥层次性原则。习题应按照知识点的难度和紧密程度设计，使学生逐步提高掌握难度较大的知识点的能力。

### （六）小结设计

数学小结指的是对已经学习的知识进行归纳和总结，形成简要的概括和总结性语句，并能够使所学知识形成系统，便于知识巩固的教学行为方式。数学小结一方面可以巩固和加深学生的理解，促进知识的升华和深化，使学生能够更好地理解、记忆和运用所学知识，提高数学思维的水平和能力；另一方面可以帮助学生发现知识点间的联系和规律，便于在今后的学习中快速回忆和复习，提高学习效率和成绩。同时，数学小结也是学生自我评估的重要参考，便于学生了解自己的学习情况，及时调整和完善学习计划。

通常来说，启发性、简约性与概括性是小结设计应当遵循的原则。

数学小结常用的方式有六种。①归纳式。这种方式最为常用，主要围绕本节课内容，对教学内容的注意事项、主要步骤以及解题方法进行总结。②比较式。为了加深学生对所学知识的理解，通过对公式、定理、性质、概念进行比较，将其彼此间的不同点与相同点揭示出来。③规律式。通过寻找数学知识中的规律，来了解概念之间的关系，并为今后的学习打下坚实的基础，帮助学生更好地理解难点概念。④问题式。通过列举问题、梳理解题思路等方式，来总结学习中的知识点和解决问题的方法，从而深入理解概念和方法。⑤提升式。提升式小结是一种通过针对性地查找所遇到的数学问题的难点和薄弱环节，查找相关的数学知识资料，学习解题方法，提高思维分析能力，最后总结归纳备考应用的一种数学学习方法。

## 六、选择数学教学媒体

一般来说，在教学过程中用来进行教学信息传递与储存的工具与载体，即教学媒体。实物、模型、黑板图示以及教科书属于传统教学媒体，而网络、计算机、录像以及幻灯片投影等属于现代教学媒体。可以说，教学媒体的选择与设计在数学教学设计中具有重要地位，对教学信息的表达与传播起着至关重要的作用。

通常来说，运用教学媒体能够完成多项教学任务，如对教学过程进行调节与控制，对学习效果加以检测；使信息密度得以增加，教学效率得以提高；最大限度地将学生的学习动机激发出来，使其学习兴趣不断增强；促进学生的智力得到发展、学习思维得以启发；促使感知效果不断提高，为学生学习提供更加丰富的感知材料。

适度性、可能性、功能性、针对性、目标性是教师进行教学媒体选择时需要遵循的原则。

选择教学媒体的程序通常分为三步：第一步，确定教学目标和教学内容，明确教学重点和难点；第二步，根据教学目标和内容，选择教学媒体，如课件、多媒体教室、实物样本或模拟程序等，应该优先选择与教学内容相符的媒体，以提升教学效果；第三步，确定教学媒体的使用方法和步骤，注意媒体使用的先后顺序和时机，结合教学场景和教学实践进行调整和改进。

### 七、编制数学教学设计方案

基于一系列数学教学设计工作，教师可以展开数学教学设计方案的编制工作。可以说，这项工作一方面是数学课堂教学的主要依据，另一方面是数学教学设计的书面记录与总结。编制数学教学设计方案在数学教学设计中是尤为关键的一环，必须将教学活动的每一个环节在方案中充分反映出来。结合数学教学设计的具体过程，数学教学设计方案的内容可以概括为如下几个方面。①课题。②教学目标。③教学内容与学情分析。基于此，对本课时的教学关键点、难点与重点加以明确。④教学模式。⑤教学过程。将教学设计的结果以文字的形式加以落实，详细地将教学过程书写出来，具体包括如下几个方面。a. 教学步骤。根据教学先后次序，将具体的教学内容以文字的形式呈现出来，也就是“先教什么，后教什么”。b. 教师活动。针对教学过程的每一个环节，将教师需要进行的活动内容与方式以文字的方式呈现出来，也就是“教师应当做什么，如何做”。c. 学生活动。针对教学过程的每一个环节，将学生需要进行的活动内容与方式以文字的方式呈现出来，也就是“学生应当做什么，如何做”。d. 教学媒体。针对教学过程的每一个环节，将需要使用教学媒体的教学内容以及教师媒体的使用要求以文字的形式呈现出来，也就是“在教学中使用何种教学媒体，如何使用”。⑥教学后记。教学结束后，教师为了使下一次课的教学效果更加理想，需要将自己对本次课堂教学活动的评价、认识、教训、经验、体会以文字的形式记录下来。

## 第四节 大学数学教学设计案例分析

本节以高等数学中“高等数列极限”内容为例，对大学数学教学设计进行详细阐述。

相关课程的教学对象为大一新生，课程时长 90 分钟，以公共课的形式进行内容传授，其类型为新授课。

## 一、教学目标

在高等数学中，极限通常被应用于微积分的研究领域，是基本的且重要的概念之一：定积分、导数、连续等其他微积分中的重要概念，都是通过极限进行表述的。

本课要求学生对数列极限的概念加以深刻理解，并能够对极限的思想方法加以灵活运用，对一些简单数列的极限，可以通过数列极限的概念求得，从而促使学生的思维更具深刻性与批判性，能够在一定程度上使学生的抽象概括能力与观察能力得到培养。

对于数列极限概念的学习，能够促使学生对运动与变化加以观察，实现对量变与质变、近似与精确、有限与无限的初步认识，引导学生完成数列极限由描述性定义向“$\varepsilon-N$”定义的过渡与转化。可以说，数列极限概念的教学，可以培养学生的逻辑思维和推理能力，使学生更好地理解数学问题，并且引导学生发现问题中的规律和特点。

下面为本课的教学目标。

（1）学习数列极限的概念，巩固基础知识。

（2）要想实现数列极限的证明就需要利用$\varepsilon-N$定义，客观上促使学生掌握一门基本技能。

（3）学习数列极限概念在一定程度上有利于学生思维能力、观察能力以及抽象概括能力的培养。

## 二、教学内容及重难点

### （一）教学内容

（1）数列极限的概念。

（2）数列的收敛与发散。

（3）数列极限的几何意义。

（4）简单数列极限的求解。

（5）数列极限的应用。

### （二）教学重点

（1）理解$\varepsilon-N$定义的高度抽象性和深刻性。

（2）理解数列的有限项的改变不影响数列的极限。

（3）理解数列极限的几何意义。

### （三）教学难点

（1）利用$\varepsilon-N$定义对数列极限进行严格证明。

（2）在具体问题中应用数列极限。

（3）厘清数列极限、函数极限的内在关系。

## 三、教学环节

在进行具体教学活动前，教师需要对“高等数学”课程的教学要求进行充分了解，在此基础之上，严格遵循学生学习的认知规律与特点，将本课教学划分为五种教学模式，即问题引入、问题分析、知识构建、问题求解和应用拓展。具体的教学环节设计参见表 2–1。

表 2-1　教学环节设计

| 教学意图 | 教学内容 | 教学环节设计 |
| --- | --- | --- |
| 1. 问题引入（6 分钟） | | |
| 通过介绍截丈问题激发学生的兴趣，由此建立一个简单的数列，并引出本课所要讲述的概念 | 截丈问题：战国时期哲学家庄周所著的《庄子·天下篇》有一句话“一尺之棰，日取其半，万世不竭”。<br>分析：这句话是说一根长为一尺的木棒，每天截去一半，这样可以无限地进行下去。第 $n$ 天剩余的木棒长度为 $\frac{1}{2^n}$。随着 $n$ 越来越大，木棒的长度越来越短，越来越趋于 0。<br>把木棒的长度按时间的顺序排列出来就得到了一个等比数列：<br>$\frac{1}{2},\frac{1}{2^2},\frac{1}{2^3},\cdots,\frac{1}{2^n},\cdots$<br>观察木棍长度的变化趋势，随时间的推移，木棍的长度无限趋近于 0，且单调递减趋向于 0 | 时间：6 分钟<br>提问：<br>中学、大学都学过哪些数列？<br><br>大学再论数列，主要对其整体进行研究，讨论其变化趋势。<br><br>提问：我们该怎样表示数列及其相应的变化趋势呢？这就涉及本课要学习的数列和数列极限 |
| 2. 数列的定义（14 分钟） | | |
| 从函数角度给出数列的定义，从不同角度分析数列的概念，拓展学生思维 | 定义 1：若函数的定义域为全体自然数 **N**，则称函数 $f$: $\mathbf{N}\to\mathbf{R}$ 或 $a_n=f(n)$ 为数列，记作 $\{a_n\}$。$a_n$ 称为通项（一般项）。<br>分析：数列的有关概念和性质。<br>（1）为表述方便给出几个名称：项、项数、首项。以上述数列为例，让学生指出数列的首项、第二项和通项。<br>（2）由此可以看出，给定一个数列，应能够指明第一项是什么，第二项是什么……每一项都是确定的，即指明项数，对应的项就确定了。所以数列中的每一项与其项数有着对应关系，这与我们学过的函数有密切关系。数列可以看作整标函数。<br>（3）数列的表示：列举法、通项公式法、图示法等 | 时间：6 分钟<br>PPT 演示 |

续 表

| 教学意图 | 教学内容 | 教学环节设计 |
| --- | --- | --- |
| 选典型例题，对应新的知识点，引导学生总结题中的变化趋势 | 考查下列几个数列的变化趋势。<br>例 1：（1）$\{2\}$；（2）$\left\{1+\dfrac{(-1)^{n-1}}{n}\right\}$；<br>（3）$\{(-1)^{n+1}\}$；（4）$\{\dfrac{1}{2^n}\}$。<br>解：（1）2，2，…，2，…，数列恒定不变趋近于 2；<br>（2）2，$\dfrac{1}{2}$，$\dfrac{4}{3}$，…，$1+\dfrac{(-1)^{n-1}}{n}$，…，数列从数轴左右两侧无限趋近于 1；<br>（3）1，−1，1，−1，…，$(-1)^{n+1}$，…，没有确定的变化趋势；<br>（4）$\dfrac{1}{2},\dfrac{1}{2^2},\dfrac{1}{2^3}$，…，$\dfrac{1}{2^n}$，…，数列单调趋近于 0 | 时间：8 分钟<br>板书：<br>用图示法等分析数列的变化趋势，进而引入数列极限的定义 |
| 3. 数列的极限（40 分钟） | | |
| 进一步通过具体分析引入本课的核心内容。通过量化的距离，让学生感受“无限趋近”的含义 | 分析：把数列$\dfrac{1}{2},\dfrac{1}{2^2},\dfrac{1}{2^3}$，…，$\dfrac{1}{2^n}$，…用柱状图描绘出来。<br>我们分析过，木棍的长度随着时间的推移，无限趋近于 0，但又不为 0。它与 0 之间的距离要多小有多小。在数学里该怎样描述无限接近及要多小有多小呢？衡量距离，就要先给出一个参考物。给定一个数 0.3，会发现从第二天起，每一天木棍的长度与 0 的距离都小于给定的数 0.3。再给一个更小的数 0.01，会发现，从第 7 天起，木棍的长度与 0 的距离就小于 0.01。再给一个更小的数，还是能找到一个时刻，使木棍的长度与 0 的距离小于所给的数。引入数学符号希腊字母$\varepsilon$，表示一个想要多小就有多小的正数，对于任意给定的$\varepsilon$，都可以找到一个时刻 $N$，从这一刻起木棍的长度与 0 的距离都小于事先给定的正数$\varepsilon$。这就是数列极限的定义 | 时间：8 分钟<br>引导思考：<br>观察可知，随着时间的无限推移，木棍的长度无限趋近于 0。如何表示“无限增大”以及“无限趋近”这种描述性的词汇呢？<br>给出两个不同量级的正数，在图中找出对应的 $N$，量化认识数列的极限。用图表进行分析，并提炼极限的数学概念 |

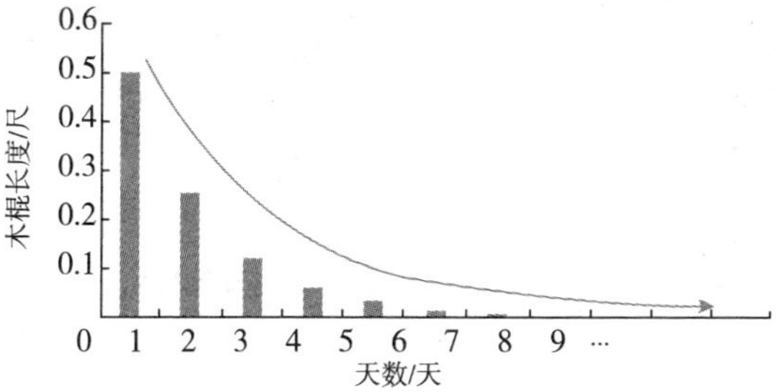

续 表

| 教学意图 | 教学内容 | 教学环节设计 |
| --- | --- | --- |
| 给出数列极限的严格定义 | 定义 2：给定数列 $\{a_n\}$ 和实数 $a$，对 $\forall\varepsilon>0$，$\exists N=N(\varepsilon)$，当 $n>N$ 时，有 $\lvert a_n-a\rvert<\varepsilon$，那么称 $a$ 是数列 $\{a_n\}$ 的极限，或称 $\{a_n\}$ 收敛于 $a$。记作：$\lim\limits_{n\to\infty}a_n=a$ 或 $a_n\to a(n\to\infty)$。若数列的极限存在，则称该数列是收敛的，否则称该数列是发散的。<br>解释：<br>（1）$\varepsilon$ 的任意性；<br>（2）$N$ 的相应性。$N$ 的选取依赖于 $\varepsilon$，但是不由 $\varepsilon$ 唯一确定 | 时间：8 分钟<br>板书：<br>结合板书进一步解释极限概念的数学表述 |
| 结合图形，讲解数列极限的几何解释 | 数列极限的几何解释：给定 $\varepsilon>0$，就可以确定以 $a$ 为中心，以 $\varepsilon$ 为半径的带形区域，若数列 $\{a_n\}$ 的极限为 $a$，由数列极限的定义可知，一定存在 $N$ 使得当 $n>N$ 时，所有的点都落在 $a-\varepsilon<a_n<a+\varepsilon$ 这个带形区域内。<br>动态地看 $\varepsilon-N$ 的关系。一般来说，随着 $\varepsilon$ 的减小，$N$ 的取值越来越大。<br>$n$越来越小，$N$越来越大<br>强调：无论 $\varepsilon$ 有多小，总能找到 $N$，使得当 $n>N$ 时，所有的点都落入了 $a-\varepsilon<a_n<a+\varepsilon$ 这个带形区域内，这就是数列极限的本质 | 时间：8 分钟<br>结合图形对给定的 $\varepsilon$ 寻找 $N$。在此过程中，注意体会 $\varepsilon$ 与 $N$ 的意义。<br>引导思考：<br>（1）$\varepsilon$ 与 $N$ 是否可以对换？<br>（2）改变数列的有限项，是否改变了数列的极限 |

续　表

| 教学意图 | 教学内容 | 教学环节设计 |
|---|---|---|
| 展示动画程序 | 数列极限定义图例 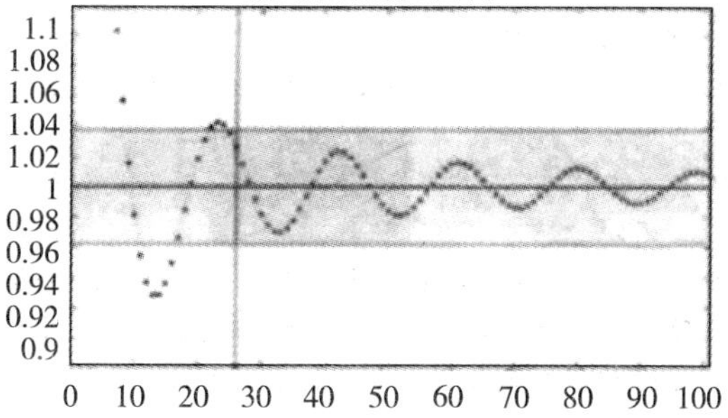<br>1.1 1.08 1.06 1.04 1.02 1 0.98 0.96 0.94 0.92 0.9<br>0 10 20 30 40 50 60 70 80 90 100 | 时间：6 分钟<br>动画演示：<br>用动画形式展示$\varepsilon$与$N$的关系。通过数值的办法寻找$N$ |
| 通过具体典型的例题进一步理解数列极限的定义，并从严格的证明中体会数学语言的美 | 数列极限的证明。<br>例 2：利用数列极限的定义证明<br>$\lim\limits_{n\to\infty}\left[1+\frac{1}{n}\sin\left(\frac{n}{3}\right)\right]=1$。<br>证明：对$\forall\varepsilon>0$（不妨设$\varepsilon<1$），为使$\left\|1+\frac{1}{n}\sin\left(\frac{n}{3}\right)-1\right\|<\varepsilon$，注意到$\left\|\frac{1}{n}\sin\left(\frac{n}{3}\right)\right\|\leqslant\frac{1}{n}$，只需$\frac{1}{n}<\varepsilon$，即只要$n>\frac{1}{\varepsilon}$。取$N=\left[\frac{1}{\varepsilon}\right]$，则当$n>N$时，有$\left\|1+\frac{1}{n}\sin\left(\frac{n}{3}\right)-1\right\|<\varepsilon$，即$\lim\limits_{n\to\infty}\left[1+\frac{1}{n}\sin\left(\frac{n}{3}\right)\right]=1$ | 时间：10 分钟<br>通过用定义严格证明上述动画中的数列有极限，从而更进一步理解极限的定义。<br>板书：<br>PPT 演示与板书结合，引导学生回答，强调放缩的技巧 |

续 表

| 教学意图 | 教学内容 | 教学环节设计 |
|---|---|---|
| 4. 数列极限的应用（20 分钟） | | |
| 给出科赫雪花的构造过程，分析每次变换时边长及面积的变化规律 | （1）科赫雪花的面积与周长。科赫（Koch）是瑞典数学家，他在研究构造连续而不可微函数时，构造出了科赫曲线，并于 1904 年发表论文《从初等几何构造的一条没有切线的连续曲线》。<br>科赫雪花是以等边三角形三边生成的科赫曲线组成的。科赫雪花的生成过程：从一个正三角形出发，把每条边三等分，然后以各边的中间部分为底边，分别向外作正三角形，再把“底边”线段抹掉，这样就得到一个六角形，它共有 12 条边。再把每条边三等分，以各边中间部分为底边，向外作正三角形后，抹掉底边线段。反复进行这一过程，就会得到一个类似于“雪花”的图形，这个图形被称为科赫雪花。如下图所示。 | 时间：15 分钟<br>通过图片引出科赫雪花，简要介绍数学家科赫。<br><br>动画演示：<br>用动画演示从正三角形变换成科赫雪花的过程。 |
| 通过具体分析，引导学生找出面积的变化规律，推导出面积的通项公式 | 计算科赫雪花的面积：设科赫雪花第 $n$ 层对应的面积值为 $S_n$，初始正三角形的面积为 $S_1=1$，对每条边经过一次变换，得到第二层图形，此时的面积值是在原有 $S_1$ 的基础上加了 3 个小的正三角形的面积，而每一个小正三角形的面积是 $\frac{1}{9}$，则 $S_2=S_1+3\times\frac{1}{9}$。再由 12 边形经过变换得到 48 边形，设此时的面积为 $S_3$，则 $S_3=S_2+3\times4\times(\frac{1}{9})^2$。<br>以此类推，经 $n-1$ 次变换后的面积为<br>$S_n=S_{n-1}+3\cdot4^{n-2}\times\left(\frac{1}{9}\right)^{n-1}$。<br>可以看出图形的面积 $S_1$, $S_2$, …, $S_n$, …形成了一个数列。经简单计算可给出 $S_n$ 的通项公式：<br>$S_n=\frac{8}{5}-\frac{3}{5}\left(\frac{4}{9}\right)^{n-1}$。 | 引导思考：<br>结合图形，每次增加的小三角形的面积是上一层三角形面积的 $\frac{1}{9}$，增加的三角形的个数是上一层图形的总边数。逐步导出面积为 1 的正三角形经 $n-1$ 次变换后图形的面积 $S_n$ 的表达式。 |
| 用严格的数学语言，再次证明科赫雪花面积有限 | 下面用数列极限的定义证明科赫雪花的面积为 $\frac{8}{5}$，即<br>$\lim\limits_{n\to\infty}S_n=\lim\limits_{n\to\infty}\left[\frac{8}{5}-\frac{3}{5}\left(\frac{4}{9}\right)^{n-1}\right]=\frac{8}{5}$。<br>证明：$\forall\varepsilon>0$，取 $N=\left[\log_{\frac{4}{9}}\frac{5}{3}\varepsilon+1\right]$，当 $n>N$ 时，有<br>$\left\lvert S_n-\frac{8}{5}\right\rvert=\left\lvert\frac{8}{5}-\frac{3}{5}\left(\frac{4}{9}\right)^{n-1}-\frac{8}{5}\right\rvert<\varepsilon$。 | 板书：<br>通过板书寻找 $N$，强化学生对数列极限定义的理解。 |

续 表

<table>
<tr><th>教学意图</th><th>教学内容</th><th>教学环节设计</th></tr>
<tr><td>通过分析科赫雪花的面积和周长，得出面积有限、周长无限的<br>结论</td><td>所以$\lim\limits_{n\to\infty}S_n=\dfrac{8}{5}$。<br>结论 1：科赫雪花的面积是有限的。<br>计算科赫雪花的周长：<br>设初始正三角形的周长为 $L_1$，则此后的周长分别为 $L_2=\dfrac{4}{3}L_1$，$L_3=(\dfrac{4}{3})^2L_1$，$L_4=(\dfrac{4}{3})^3L_1$，…，$Ln=(\dfrac{4}{3})^{n-1}L_1$。显然随着 $n$ 的增加，$L_n$ 不趋近于任何给定的常数。因此，周长所形成的数列 $\{L_n\}$ 发散。注意到，随着 $n$ 的增加，$L_n$ 越来越大，这时我们也称数列 $\{L_n\}$ 的极限为无穷大，记为<br>$\lim\limits_{n\to\infty}L_n=\lim\limits_{x\to\infty}\left(\dfrac{4}{3}\right)^{n-1}L_1=+\infty$。<br>结论 2：科赫雪花的周长是无限的。<br>（2）在几何上的应用。演示魏晋时期数学家刘徽提出的割圆术，引导学生观察思考：圆的内接正 $n$ 边形面积所构成的数列，其极限就是圆的面积。<br>易知，半径为 $R$ 的圆内接正 $n$ 边形的面积为 $A_n=nR^2\sin\dfrac{\pi}{n}\cos\dfrac{\pi}{n}$，因而，$\lim\limits_{n\to\infty}A_n=\pi R^2$。<br>割圆术可以求圆的周长、面积和圆周率。割圆术思想集中体现了直线与曲线、已知与未知、近似与精确、有限与无限的思想</td><td>提问：<br>每次变换过程中，雪花的周长是否也构成数列？此时的数列是收敛的还是发散的？<br><br>时间：5 分钟<br>PPT 演示：<br>教师通过播放动画，让学生直观感受正多边形接近于圆的过程，展示近似与精确、有限与无限的关系</td></tr>
<tr><td colspan="3">5. 扩展与思考（10 分钟）</td></tr>
<tr><td>介绍谢尔宾斯基三角形、谢尔宾斯基四面体及谢尔宾斯基地毯</td><td>将 1 个大的等边三角形均分成 4 个小的等边三角形，挖去一个“中心三角形”，然后对每个小等边三角形进行相同的操作，在剩下的小三角形中又挖去 1 个“中心三角形”，这样的操作不断继续下去直到无穷，最终所得的极限图形称为谢尔宾斯基三角形。如下图所示。<br></td><td>时间：6 分钟<br>动画演示：<br>用动画演示谢尔宾斯基三角形的形成过程。<br>提问：<br>谢尔宾斯基三角形的面积和周长分别是多少？</td></tr>
</table>

续 表

| 教学意图 | 教学内容 | 教学环节设计 |
| --- | --- | --- |
| 通过一些优美的分形图片，展示分形的魅力 | 将上述变换推广到三维，介绍谢尔宾斯基四面体。<br>考虑进行分形构造的原图形不是规则图形，而是任意三角形和任意四边形，可得到谢尔宾斯基任意三角形和谢尔宾斯基地毯（任意四边形）。<br>科赫雪花、谢尔宾斯基三角形及谢尔宾斯基地毯等图形还有一个共同的名字——分形。分形通常被定义为“一个粗糙或零碎的几何形状，可以分成数个部分，且每一部分都（至少近似地）是整体缩小后的形状”，即具有自相似的性质。分形分为以下几种。<br>（1）编程实现的分形图案。<br>（2）艺术创作中的分形。<br>（3）自然界中的分形 | 时间：4 分钟<br>展示视频：<br>展示谢尔宾斯基四面体。<br>PPT 演示 |

## 四、学情分析与教学评价

### （一）学情分析

大学新生是本课教学内容的对象，经过高中阶段的数学学习，他们已经具备了一定的数学素养与思想。除此之外，数列这一概念他们已经在高中时期接触过，因此对于数列极限的学习并不会感到太过于陌生。数列的极限在高等数学中占据着重要位置。

数列以及数列是否趋向于一个常数，是本课最初讨论的内容。此时，学生对于“趋向于”尚未产生一个明确的认知，但是通过运用多年积累的数学知识与方法，如概括、分析、观察等，对数列极限产生了一定的感性认知，进而，通过运用$\varepsilon-N$语言总结出了数列极限的概念及其存在的几何意义。通过具体的练习题目，促使学生对重点知识的掌握程度有所加深，使其从感性认识上升为一种理性认识。通过对数学世界中辩证关系的揭示，引导学生实现教学目标，从而完成认识的跃升。

### （二）教学评价

在解决数学教学中的重难点问题时，教师以启发式教学的方式，对数列及数列极限加以界定；在分析数列极限的内涵时，采用课堂讲授与多媒体课件相结合的方式，通过提问引导、图示讲解、引例分析及提问解答等环节得以实现，并在这一过程中注重培养学生的推理能力与抽象概括能力。多借助一些实例应用，促使学生的思维得以拓展，最大限度地将其学习兴趣与热情调动起来。

## 五、预习任务与课后作业

预习：数列的性质。

作业：

1. 观察下列一般项为 $x_n$ 的数列 $\{x_n\}$ 的变化趋势，判断它们是否有极限。若存在极限，则写出它们的极限。

（1）$x_n = \cos\frac{1}{n}$；（2）$x_n = \frac{n-1}{n+1}$；（3）$x_n = \sin n$。

2. 利用数列极限的定义证明下列各式。

（1）$\lim\limits_{n\to\infty}\frac{3n+1}{4n-1} = \frac{3}{4}$；（2）$\lim\limits_{n\to\infty}\frac{\sqrt{n^2+1}}{n} = 1$。

# 第三章　大学数学教学模式

## 第一节　数学教学模式概述

### 一、数学教学模式的概念

目前，人们普遍对教学模式这一概念尚未形成一个比较清晰的认识。在教学模式的研究过程中，势必会与相对确定的含义、语义、共同的语境有着密切的关联。人们通常认为教学模式是教师在教学过程中采用的一种具体的教学方法、教学形式和教学组织方式等的总称。它是教学理论与教学实践相结合的产物，是基于某种特定的教学理论或思想建立起来的、相对稳定的教学活动程序与教学活动结构框架。其中，教学模式的可操作性与有序性通过活动程序得以凸显；而教学模式从宏观上对教学活动整体以及各要素之间的内部功能与关系进行把握，则通过结构框架得以凸显。

所谓数学教学模式是指为了完成规定的教学内容与目标，基于特定的学习理论、教学理论与教学思想，在组织与安排课堂数学活动和校内教学活动的基础上，而形成的具有一定实操性的实践活动方式与相对简明、稳定的教学结构理论框架。它集中体现了学习理论、教学理论与教育思想。

### 二、数学教学模式的特点

随着教学改革的深入发展，数学教学模式呈现出多样化的发展趋势，有的侧重于教学策略，有的侧重于教学程序，有的侧重于教学手段，有的侧重于教学目的，有的则侧重于师生关系。虽然教学模式丰富多样，但不可否认的是，它们具有一定的共同点。

### （一）指向性

围绕特定的教学目标是任何一种教学模式设计的一致前提，并且无论是何种教学模式，要想发挥其应有的功效，都需要具备某些特殊条件，因此难以评定何种教学模式才是最佳的，何种教学模式具有一定的普适性。通常来说，在某种情况下，能够高效实现特定教学目标的教学模式便是最佳教学模式。因此，我们说任何一种教学模式都有其自身的特点与功能，教师在进行教学模式选择时，其指向性是需要特别关注的一个问题。

### （二）操作性

教学模式本质上是基于某种特定的具有可操作性与具体化的教学理论或思想，并在教学实践中应用的一种活动组织形式和教学方法，通常以一种相对稳定且简明的形式反映出来。相对于抽象理论而言，教学模式是一种可视、可感的教学行为框架，对教师的教学形式进行了具体规定，帮助教师更加高效地开展课堂教学活动。

### （三）完整性

教学模式的完整性指的是把课程教学当作一个整体，将课本知识、教学方法、教学环境等各个环节紧密结合起来，形成一个有机整体。

### （四）稳定性

教学模式将现实中的教学实践经验总结归纳为一种理论指导，是一种由具象到抽象的演变过程，使教学活动中具有一定普遍性的规律得以揭示。通常来说，教学模式适用于任何一门学科，它为教学活动提供一种程序，具有一定的稳定性与普遍的参考价值。然而由于不同历史时期有着不同的社会思潮，影响并引领着人们的行动，教学作为社会活动的主要组成部分，势必会受到社会政治、经济、文化等因素的影响，其教学模式也会因教学目的和教学方针的不同而有所差异。因此，从历史视角分析，教学模式具有相对稳定性。

### （五）灵活性

教学模式具有普遍性的特点，它为教师的教学活动提供了一种活动形式、教学方法、教学程序，因此在具体的教学实践过程中，教师应当充分考虑与教学模式相关的诸多因素，如师生的具体情况、现有的教学条件、教学的内容、学科的特点等，并在此基础之上，对方法进行细微的调整，以更好地适应学科特点。

## 三、数学教学模式的功能

数学教学模式可以通过一种较为简明的方式，将特定的教学理念传达出来，一方面便于人们的理解与接受，另一方面也便于人们的掌握与应用。通常来说，数学教学模式具备如下几方面功能。

### （一）中介功能

从本质上看，可以有效地为数学教学提供一种相对稳定的模式化的教学方法体系，使得教师从毫无头绪的实践摸索中摆脱出来，顺利地完成由理论到实践的转化，这便是数学教学模式的中介功能。

由于数学教学模式的形成源自大量的教学实践，同时又以理论的简化形式呈现在大众面前，因此说，数学教学模式具有中介功能。

首先，基于大量的实践教学活动，对其进行优选、概括与加工，使得一种相对稳定的操作框架得以形成，这一操作框架的对象为数学教学及其所涉及的各类因素和各因素之间的关系，由于一种内在的逻辑关系理论依据存在于该框架中，因此具有一定的理论意义。其次，某一理论的简化表现形式也可视为数学教学模式，其呈现方式为一种具象的、可感的教学程序，能够通过一些关系和图式的解释，一目了然的象征性符号，将所依据的教学理论基本特征充分反映出来，从而便于人们对数学教学理论的理解与应用，也是抽象理论变身生动实践的中间环节，在促使理论指导实践、理论运用于实践方面发挥着重要的中介作用。

### （二）描述组建功能

所谓数学教学模式的描述组建功能是指通过从众多教学实践中筛选出实施效果较好的经验，对其进行加工、整理与总结，使得一个相对稳定的教学程序与活动框架得以组建，从而用以对某一特定教学过程及其相关因素与因素间的关系加以描述。由于特定的主题是教学模式得以组建的前提与基础，因此决定了它具有一定的独特性与强大的凝聚力。通常来说，浓缩性、精练性与间接性是教学模式描述组建理论的特点，而有效性与典型性则是教学模式描述组建的实践特点。将成功的教学经验进行加工整理，使得教学理论的概括层次得以提高，使教学方式呈现出稳定化、结构化的发展趋势，客观上充分体现了教学模式的描述组建功能优势。借助教学模式的描述组建功能，优秀教师可以将自己丰富的教学经验经过加工整理，升华为一种理论，更好地运用于未来的实践教学活动中。

### （三）咨询阐释功能

从某种角度看，教学模式是一种具体化、操作化的教学思想或理论。为了达成向教师提供各类教学咨询服务的目标，帮助教师在较短时间内领会教学精神，掌握教学理论的基本特征，教学模式可以采用象征性的符号图形或者简单易懂的语言文字将其展现出来，这便是数学教学模式的咨询阐释功能。教学理论因教学模式的这一功能而得到有效传播与普及。理解教学模式理论要点，把握教学模式操作要领，可以促使教师在选择教学模式时更具针对性，增强教师驾驭教学模式的信心。与此同时，教学模式中所蕴含的教学理论也在教学实践中得到了传播与认同，促使教学实践的有效性得到增强。

### （四）示范引导功能

教学模式来源于教学实践，同时反作用于教学实践活动，它是理论与实践相结合的产物，为特定教学理论应用于教学实践进行了实施程序的规范，使其具有一定的可操作性与完备性。对于初入职场的青年教师而言，掌握若干教学模式可以帮助自己更快地掌握教学技巧，更快地适应教学工作，顺利地完成独立教学，使用来试错、摸索的时间大大减少。

虽然教学模式可以被视为一套教学的程式化操作系统，但是并不会影响教师创造力的发挥。教师在具体的教学实践中，可以某一教学模式为引导，针对不同的实际教学情况适时地进行科学调整，从而形成一种与教学实际相适应的“变式”。可以说，青年教师要想建立正常的教学秩序、规范教学工作、尽快实现独立教学，都离不开教学模式的示范与引导。

### （五）诊断预测功能

教学活动的诊断预测功能需要对照教学模式的操作程序、实施条件、功能目标及理论基础才能实现，通过对照可以发现其中存在的问题，从而更有针对性地对教学进行改进。其中存在的问题包括操作要领不规范、实施条件不具备、教学目标不明确等。与此同时，教学模式还可以帮助教师对预期的教学效果进行预测，因为教学模式本身存在着一定的规律性联系，即“如果……就必然……”。只要了解了采取的教学模式，便可以知道这种教学模式具备的条件以及将会产生的结果。教学模式诊断预测功能的发挥，可以促使教学过程变得更加容易掌控，使其能够朝着预期方向发展，从而取得理想的教学效果。因此，教师应当重视教学模式的这一功能。

### （六）系统改进功能

教师在教学模式应用过程中，其教学活动逐渐系统化，构成了一个整体优化的系统。为了达成新的教学目标，教师需要对教学活动程序与教学条件进行相应的调整与改进。此时教师的整体能力与水平还需要提高，从而有效地实现教学模式的转化，使其由相对落后与僵化的旧模式转化为更加完善与高效的新模式。教学整体观是发挥教学模式系统改进功能的前提与基础，它要求教师在面对教学模式优化转换问题时，用发展的、整体的眼光来看待。这一功能的发挥可以带动教学领域的一系列改革，包括教学管理、教学评价、师生关系、课堂教学等。可以说，现代教学改革要求教师改变以往那种满足于微观方法的修修补补，而应当着眼于教学模式的整体优化转换。

## 四、数学教学模式的发展趋势

### （一）从教学模式的总体种类看，趋向多样化

20 世纪 50 年代以前，在教学实践中占据主导地位的教学模式相对单一，主要是赫尔巴特的教学模式与杜威的教学模式。20 世纪 50 年代以后，出现了教学模式的空前繁荣景象，一时间新的教学模式如雨后春笋般涌现出来，庞大丰富的“教学模式库”正在逐步形成，为实践教学提供了更多选择。

### （二）从教学模式的理论基础看，趋向多元化

20 世纪 50 年代以来，教学模式的理论基础日益丰富。随着现代心理学的不断发展，其理论依据由以往的教育学、哲学认识论逐渐扩展到更多研究领域，并呈现出了融合化与多元化的发展趋势，如美学、工艺学、管理学、社会学、信息论、控制论、系统论等，这在一定程度上促使教学模式的科学性不断增强。

### （三）从教学模式的形成途径看，趋向演绎化

20 世纪 50 年代以后出现的教学模式基本上属于演绎教学模式，如集体性教学模式、非指导性教学模式等。演绎教学模式与归纳教学模式的最大区别在于形成的基础不同，前者形成的基础是理论，而后者形成的基础是实践。由此可见，演绎教学模式更加注重教学模式的理论基础。这在无形中促使实践者从科学理论出发，主动设计与建构一定的教学模式，从而实现预期的教学效果。可以说，教学模式生成的重要途径之一便是演绎。

### （四）从教学模式的师生地位看，趋向合作化

20 世纪 50 年代以来，学生与教师在教学过程中的地位与作用发生了翻天覆地的变化。伴随着师生合作关系以及学生主体地位的确立，一种全新的教学理论得以形成，“教师主导学生主体论”逐渐取代了传统的“教师中心论”。这种教学观反映在教学模式的变化上，即由师生合作教学模式取代了以往的教师中心教学模式。

#### （五）从教学模式的目标指向看，趋向情意化

20世纪50年代以来，教学改革深入发展，社会对人才的要求也在不断变化，国内外的教学模式为了顺应这一时代发展趋势，也进行了相应的调整与改进。这种改进不仅体现在技能领域与认知领域，还体现在情意领域。情意型教学模式的形成与完善使得现代教学发生了一场深刻革命。这种全新的教学模式强调教学艺术性与科学性的完美融合，在教学实践中发挥着不可取代的重要作用。

#### （六）从教学模式的技术手段看，趋向现代化

随着现代科学技术的不断发展，越来越多的科技新成果被应用转化到当代教学中，电子技术的介入使教学模式具有了现代化的特征，如电子计算机、程序教学机器、电视、广播等技术。计算机辅助教学首次在程序教学模式中发挥作用，一系列新科技成果融入信息加工教学模式，如计算机、人工智能、信息加工等。

## 第二节　大学数学教学模式构建

### 一、数学教学模式构建的基本要素

通常来说，一些基本要素构成了模式，使其具有相对稳定的结构。数学教学模式的结构指的是在数学教学过程中构成教学的各个要素及其相互之间的关系。这些要素在数学教学模式的构建中往往发挥着不可替代的作用。一种成熟的教学模式应当具备如下四个基本要素。

#### （一）理论基础

教学模式构成要素得以形成的关键是理论基础，它对教学模式的独特性与方向起着重要的决定性作用，并在教学模式中的各因素中有所体现，是其他因素赖以建立的基础与依据，对它们之间的关系起到一定的制约作用。可以说，先进的数学教学理论对数学教学模式的构建具有重要的指导意义。一般来说，

对数学教学模式的构建起到制约与影响作用的理论基础包括如下几个方面。

1. 数学观

数学观是指对数学本质、价值和思维方法的认知和理解。在数学教学中，数学观会对教师和学生的行为和学业目标产生重要的影响，具体体现为学生正确数学观及数学学习价值观的形成，以及学习数学的态度等，它们都会受到一定观念的影响，同时会影响学生的学习行为，对教师的教学行为也会有一定的制约与影响。从现实角度出发，任何一种数学教学模式与教学方法无不与某一数学哲学观有着密切关联。这些数学哲学观对数学教学模式产生了直接与根本的影响，包括文化观、结构主义、形式主义、逻辑主义的数学观等。由于东西方数学观存在着本质区别，其数学教学模式也有着天壤之别。数学活动作为人类社会的重要文化活动，具有一定的目的指向性，这一特征反映在教学模式上，主要表现为以实际应用、问题解决为主的教学模式和以形式陶冶、注重思想方法为主的教学模式之间存在的差别。

2. 数学学习理论

现代数学教学理论的发展得益于现代教育学心理学的最新成果，这些研究成果在数学教学改革实践中发挥着重要的指导作用。举例说明，布卢姆的掌握学习理论是数学目标导控教学模式的理论基础，行为主义心理学是程序教学模式的理论基础。但一些不同的教学模式其理论基础的主题是相同的，如现代认知心理学理论是奥苏伯尔的先行组织者教学模式、加涅的累积性教学模式、布卢姆的概念获得教学模式的理论基础。建构主义学习理论认为学习是一个积极主动的建构过程，学生应当是学习的主人，并在学习中发挥主体作用，它要求学生成为知识意义的主动建构者、信息加工的主体，而非知识灌输的对象与外部刺激的被动接受者，这在某种程度上为新型教学模式的建立提供了全新的参考系。

建构主义学习理论在教学中的应用客观上推动了教师思想观念的转变。一种全新的教学设计思想与教学方法应运而生，教师在教学中的地位与作用相应地发生了变化，这在某种意义上对传统的教学观念与教学理论提出了新的挑战。因此，伴随着建构主义学习理论的诞生，与之相匹配的新一代教学设计思想、教学方法与教学模式也得以产生。除此之外，近年来还涌现了一些与数学教学模式相关的理论研究。比如，数学概念学习和数学命题学习理论的系统研究，揭示了学生如何在数学学习中形成概念和理解命题的心理过程；数学思维和问题解决理论的发展，为教师提供了更加丰富的数学思维和问题解决策略；数学课程改革的理论与实践，解决了教学中的一些困难，提出了新的教学思路和方法，为数学教师在实践中提供了更加广阔的发展空间。

3. 数学教学理论

现代教学理论指出，教学过程应当遵循“双主体原则”，即“数学教学过程中，师生双方是互为主体、互相依存、互相配合的关系，是使师生的生命活力在课堂上得到充分发挥，具有生成新的因素的能力，具有自身的、由师生共同创造的活力”[①]，为对数学教学功能、价值、规律、本质、目标等一系列的研究，以及数学教学模式的改革创新奠定了良好的理论基础。

### （二）教学目标

数学课堂教学目标是数学课堂教学系统设计的重要组成部分之一，是构成教学模式的关键因素，在完成数学课堂教学任务中发挥着重要的引导作用，是对课堂教学中学生所发生变化的一种预设。为了使特定的教学任务完成，需要创设与之相适应的教学模式。通常来说，数学课堂教学活动与数学课堂教学设计的出发点与归宿是教学目标，这一目标本质上是对教学活动在学生身上产生某种特定效果的预期估计。教学目标是教学评价的基础与标准，在某种程度上对实施条件与教学程序等因素产生了一定的制约与影响，使教学活动的随意性与盲目性得到克服，使教学活动的发展方向得以明确。

一种先进的教学模式，其教学目标应当涉及价值观、情感态度、能力发展、基本技能、基础知识等方面，其教学目标的制定不应是抽象笼统的，而应当具有可操作性、可测量性、具体化与科学合理性的特征。而教学目标本身应当具有一定的渐进性与层次性，具有从低级水平到高级水平，从识记、理解、应用到综合的渐进过程，能够将由知识、技能转化为能力，并内化为素质的要求与过程反映出来。学生数学综合素质（包括数学能力、数学意识、数学思想、数学观念等）的培养对于教学目标的确立与实施具有重要意义。教学目标的设定，

① 曹才翰，章建跃．数学教育心理学 [M]. 北京：北京师范大学出版社，1999：197-199.

一方面要考虑学生智力因素的培养，另一方面要考虑学生良好的个性与思维品质等非智力因素的培养。

### （三）操作程序

一套相对稳定的操作程序是教学模式成熟的重要标志，也是教学模式得以形成的本质特征之一。教学活动中的每一个逻辑步骤，以及各个步骤需要完成的任务都能在操作程序中得到详细说明。通常来说，学生与教师分别在教学中应当做什么，教师应先做什么、后做什么都在教学模式中有所明确。基本教学方法的交替运用顺序、学生的年龄特征、知识体系的完整性都是教学内容展开顺序需要考虑的因素，因此，操作程序并不是一成不变的，而是随着实际情况的变化可以随时进行调整的。

在数学教学模式中，教师对于数学操作程序的设置，同样应该遵循学生的认知规律和认知基础。首先，教师应该从学生已知的数学知识出发，逐步引导学生掌握新的操作方法，使其在学习过程中逐步积累经验，完成从简单操作到复杂操作的过渡，从而帮助学生更好地理解和掌握数学概念，发展数学思维。其次，操作程序的设置应注重逻辑性和系统性，确保每个操作步骤之间的关系清晰明了，并且积极发挥操作程序的规律性和通用性。在具体操作中，教师应充分考虑学生的认知能力和特点，并根据学生实际水平适当调整难度，使操作过程既不超出学生能力范围，又不太过简单，为学生提高自信心提供帮助。

### （四）实施条件

同一种教学模式并非适合所有课型，因为不同的课型需要使用不同的教学模式来适应其特点和要求。例如，概念课、命题课、习题课、复习课等具有不同的教学目标和内容，需要采取不同的教学模式和策略。即使是同一种教学模式，在实施过程中，也需要针对不同的教学场景和目标制定不同的教学策略。因此，教师应该结合具体的教学需求和情境，灵活运用不同的教学模式和策略，以提高教学效果和学生学习的质量。

教学模式的实施与师生间的配合有着密切联系。一般情况下，教学时空的组合、教学设备、教学内容、学生、教师等因素共同构成了教学模式的实施条件。

由此可见，实现理想的教学效果，一方面与师生关系和学生的能力水平有着必然联系，另一方面与教师的教学风格与教学水平也不无关联。教师应当客观理性地看待教学模式，不可一味地依赖某一种固定的教学模式。教师应当根据实际教学情况科学合理地进行教学模式的选择，或者在某一教学模式的基础上加以调整与改进，从而更好地提高自身的教学效率与教学质量。

## 二、大学数学教学模式构建的原则

随着时代的发展与社会的不断进步，教学模式的类型日益丰富，数百种教学模式出现在各级各类图书、杂志上：有的基于原有的教学模式，经过改进成为一种全新的教学模式；有的尚处于探索实验阶段；有的则已经相当成熟与稳定。无论何种课堂教学模式，其能够有效提高教学效率，有助于学生的全面发展是构建新型课堂教学模式的目的。在具体实施过程中，教师应当遵循如下几个原则。

### （一）需要具备新颖性和独特性

大学数学教学模式的灵魂是教学思想，先进的教育理论与教育思想能够将教学模式的新颖性体现出来。基于此，新技术的应用，可以促使全新的教学结构体系得以构建。与一般课堂教学模式相比，新型课堂教学模式的新颖性应该通过教学手段、教学方法、教学目标、教学观等来体现。而新型课堂教学模式的独特性则体现在教学范围、教学条件、教学目标的特定性上。从本质上看，新型教学模式是根据全新的教学理论，为了实现某一教学目标，基于原有的教学模式逐渐发展而来的，而非对原有教学模式的一种取代。这种教学模式的出现，受到一定应用范围与条件的制约，若想产生某种特定的教学效果，就离不开特定的应用范围、条件与目标。

### （二）需要具备可行性和推广性

作为一种全新的数学教学模式，无论是它的基本程序还是操作要求，都必须与现代先进的教育理论与教育思想相契合。在具体的教学实践过程中，对这一模式的构建目的与形成过程加以验证，可以更好地对数学教学活动进行指导。

所谓可行性是指该模式应当符合实际教学场景的需求和条件，注重教学效果和学生学习体验。所谓推广性是指这一模式不仅能满足当前的教学需求，还应当具有一定的通用性和普适性，能够推广到其他教学环境中。也就是说，这一教学模式的实施条件应当在绝大多数教学情况下得到满足，并且有着较为明晰的操作程序用以借鉴。通过遵循可行性和推广性的原则，教师可以构建更加符合现代教学需求和学生学习需求的数学教学模式，实现更好的教学效果和社会效益。

### （三）需要具备稳定性和发展性

一种教学模式是否成熟要看其是否具有稳定性，这种稳定性体现在教学模式的操作程序与理论框架上。通常来说，教与学活动中各个要素之间稳定的关系与活动进程的结构形式是教学模式形成的主要内容，具有一定的稳定性，它是教学模式得以实施的前提与基础。当然，这种稳定性是相对的，绝非一成不变，它伴随着教学实践的发展而不断丰富与发展。19 世纪初期，赫尔巴特根据统觉原理，将教学过程分成了四个阶段，也就是之后的四段教学法，其弟子在此基础上进行了改进与完善，产生了五段教学法，在教育史上这一教学法统治了近半个世纪。基于古希腊苏格拉底的“产婆术”，布鲁纳提出了发现教学法，而这种教学法在中国则可以追溯到孔子的“问答法”，时至今日，这一教学法依然被广泛应用于各种教学中。可以说，教学模式的发展与完善，离不开广大教师一系列有意识的自主行为，包括对教学模式的充实、实验与探索等。教学模式作为教学实践与教学理论相结合的产物，只要形成稳定发展的趋势，其所发挥的作用就不可估量。由此可见，实践是新型课堂教学模式得以产生与发展的关键。

### （四）需要具备多元性和灵活性

当前教学模式的研究应当朝着多元性与灵活性的方向发展。所谓多元性指的是教学模式需要提供多种方式与途径，以满足学生个体差异的需求，包括学生的认知水平、学习特点、兴趣爱好等。因此，未来的新型课堂教学模式应当是多元化的课堂教学模式。灵活性则要求教学模式根据实际需求和学生反馈等进行调整，以适应教学环境的不断变化。对于特定的新型课堂教学模式，其结构是固定不变的，然而其教学的方式方法却可以根据教学环境进行相应的改变。因此，尽管教学模式是相同的，但是其教学方式却可以是灵活多样的。

## 三、大学数学教学模式构建的方法

从某种程度上来说，教学理论的研究与教学实践的探索是一个永不休止的活动，教学模式也随着这种活动的不断开展而日益丰富。就目前而言，教学模式的构建尚未形成一种固定的程式。基于方法论的视角，教学模式构建大致可以分为如下几种方法。

### （一）总结归纳法

对于一线数学教师来说，在众多构建教学模式的方法中，总结归纳法最为适用。这一教学模式的构建经过了大量教学实践的验证，在教学过程中，教师进行了规律的总结与内容的归纳与筛选，完成了由感性认识上升到理性认识的过程，从而促使归纳型的教学模式得以形成。具体来说，鉴于优秀数学教师的教学经验，将其优点进行总结，对其共性进行概括，使其程序化、系统化与规范化，进而形成特定的教学模式；或者采用行动研究方法，首先通过“处方式”（将教学模式各个要素分别研究）对教学模式进行深入探讨，然后将各项要素进行综合、归纳、整理，以得出最终的教学模式。可以说，教学经验是总结归纳法得以形成的基础，而经验的筛选与概括则是教学模式形成的过程。

### （二）理论推演法

研究发现，以教学经验为基础而构建的教学模式在现实中较为少见，绝大多数教学模式都是基于现有的教学理论逐步演绎而来的，从而形成了演绎型的教学模式。一般来说，参照的理论包括现代数学哲学、数学方法论、数学教学理论等。近年来，运用理论推演法构建教学模式成为主流走向，越来越多的教师在教学实践中，基于数学哲学、教育心理学、数学教学理论及相关学科的研究成果，对其进行设计与演绎，并在课堂教学活动中得以验证，从而促使教学模式日益多样。

简单来说，基于理论提出设想、设计模式、实践验证是理论推演法构建教学模式的过程。具体来说，就是根据某一特定的理论或教学思想，结合教学实际与要求，对教学模式加以设计，并将其应用到具体实践活动中，经过一系列的操作后，最终形成的一个具有可行性与推广性的新型教学模式。这一过程可以概括为设计—实验—修改—再实验—完善—推广。可以说，对教学模式进行验证的过程就是某一预期教学目标得以实现的过程。在这一过程中，教学活动的指南就是教师提出的设想，其实现的途径就是提出的操作程序与操作策略。这种源于教学理论或教学思想，在实践中得以验证的教学模式构建方法具有一定的实验性，在一定程度上促使教学模式日益丰富。基于先进教学思想或教学理论，提出正确的教学运行模式的设想，是利用理论推演法获得教学模式的关键，而模式能否形成与完善则取决于设想的验证。

### （三）综合法

通过分析现有教学模式，不难发现，目前教学模式的构建过程并非仅依靠一种构建方法，也就是说，其模式既不是单纯依靠理论推演法构建而成的，也不是单纯依靠总结归纳法构建而成的，它是基于两种构建方法的融合而形成的，并且这种综合法已经成为未来教学模式构建的发展趋势。

在教学模式的构建过程中，采用总结归纳法与理论推演法相结合的综合法，对于教学活动的高效开展具有重要意义。首先，理论推演法和总结归纳法的结合可以使教学设计更加接近教育需求和学生特点，能够通过学习和分析教育实践的经验，结合学科理论和教育学理论，形成更加优秀的教学模式。其次，这种方法可以在学习中探索学生的学习兴趣和能力，在教学实践中总结研究成果，将各种教学特色优势整合在一起，形成数量多且质量高的教学模式，满足不同年龄和文化背景学生的需求。最后，利用这种方法来构建教学模式，可以促进教育教学的创新和发展，不断推进教学方法与技术的拓展，提高教学效果和质量。若是不能将二者有机融合在教学模式的构建过程中，则会导致教学模式产生先天性的缺陷：一是过于看重教学理论在教学模式构建中的作用与影响；二是过于注重教学模式的可操作性，而忽视其概括性与理论性。实践证明，要想构建高效的课堂教学模式，就必须认识到教学模式的可操作性与理论性是缺一不可、相辅相成的，这也是教学模式得以存在的重要特征之一。

## 四、大学数学教学模式构建的步骤

对于绝大多数一线数学教师来说，科学高效的教学模式在提高教学质量与教学效率方面发挥着不可或缺的重要作用。通常来说，这种教学模式的构建需要经过如下几个步骤。

### （一）总结归纳

一名优秀的教育工作者需要对自己的教学行为进行不断反思与总结。通常来说，教学观摩、校本教研都是对教学工作进行总结归纳的方式与途径。教师通过分析教学案例，可以观察近期学生的行为表现与学习结果，从理论与实践的角度出发，对自身的教学行为加以反思与评判，通过对教学实践进行理性反思，促使自身对教学理论的理解与认识逐步加深，客观上促进自身教学水平的提高。可以说，教师基于对教学案例的研究、归纳与提升，使一种专属于自身的独特教学风格得以形成。从某种程度上来说，这既是教师长期教学实践的结果，也是教学模式构建的必要基础。

### （二）比照反思

简单地对教学经验进行汇编无法形成一种教学模式。学习与借鉴他人（校）的成功经验不是简单地照搬，而是需要结合本校的实际情况，有选择地汲取与本校发展相适应的成功经验。在这一过程中，要想形成一个可实施的教学课堂策略体系，就需要对教学过程中各要素是否融为一体进行一系列比照与衡量、综合与反思，具体涉及教学过程中现代化教学手段的运用、现代思想的体现、教学实施的程序及其方法、教学过程中教师与学生的活动等。

### （三）完善设计

教学模式的形成离不开理论与实践的有机结合，它是一个不断完善与发展的过程，具体来说，大概分为两种情况：一种是通过总结归纳教学经验，从而上升为一种理论，再用理论去指导教学实践活动的形成过程；另一种是将某一特定教学理论或教学思想应用于教学实践活动，再通过实践不断对理论加以改进与完善，从而更好地指导教学实践的过程。这一过程涉及教学手段方法、教学结构程序和教学目标等，从本质上看，这是一个去繁存简、去劣取优的过程。

### （四）实践检验

实践是检验真理的唯一标准，这句话同样适用于教学研究。看一种教学模式是否能够有效推动教学进步与发展，唯有通过实践才能得出最终的结果。也就是说，凡是符合事物客观发展规律的教学模式，都能够在一定程度上提高教学质量与教学效率。换句话说，要想促使教学模式的效度与信度有所提高，就离不开人为的理论设想与加工整理，其实质就是一种通过实践由感性认识上升到理性认识的过程，其中涉及对教学模式的反复实践、认识、反馈、修正、补充与完善。

### （五）理论升华

在现代教学系统中，教师、学生、教材与教学媒体是四大构成要素，教学模式正是这四大要素相互影响、相互作用而形成的教学活动进程的稳定结构形式，是四个要素相互联系、相互作用的具体体现。因此，成熟的教学模式应当符合上述四大要素的发展规律与特点。在实践中，通过理性思考，由感性经验逐渐上升为一种理性经验，这种理性升华大致可以分为如下五个方面。

（1）模式命名。教学模式的特点通常可以通过教学模式的名称得以反映，名称应当具有一定的实质性内涵，切忌哗众取宠。

（2）构建的理论依据。教学模式的构建必须基于丰富的学科理论和教育原理，并且要适应学生的不同发展阶段和个体差异，这是教学模式合理性的一个重要标志和关键特征。

（3）模式的结构特点。模式的结构特点指的是教学模式的各个组成部分之间以及它们与教学目标之间的内在联系和相互作用。其中，结构特点的新颖性和独特性是指该教学模式必须具有一些全新的、与传统教学模式不同的特点，这些特点对于改善课堂教学的结构、提高教学效果有很大的帮助。否则，这种教学模式就不能算是真正的创新，只能算是变形或升级。

（4）典型案例。典型案例是指一些具有代表性、经过验证的实践经验，是教学模式生成的基础。同时，典型案例也可以用来阐释教学模式，将抽象的教学模式具体化。实际案例的讲解可以更加生动地展示教学模式的特点和优势，为他人学习和推广提供便利。

（5）实验总结、分析。通过对实验结果的观察、分析和比较，可以验证教学模式的科学性、合理性和实效性，并发现教学模式的优缺点，进而做出改进和优化，以不断完善教学模式，更好地满足教育教学的实际需要。

教学模式的构建需要经过理论和实践的反复改进与完善。首先，教师需要了解相关的教学理论和方法，了解学生的需求和背景，制定出适合学生的教学模式。然后，教师需要进行实践，观察学生的反应和反馈，以此来进一步完善和改进教学模式。这个过程并不是一蹴而就的，建议从小范围开始试行，逐步推广至全国，让教学模式得到有效的验证和完善，最终，经过长期的实践和改进，构建出一套适合本校的有效的教学模式。

## 第三节　大学数学常规教学模式

为了提高教学质量与教学效率，教师应当熟悉并掌握各种常见的教学模式并能够灵活运用，或者通过多种教学模式的综合运用，设计出适合本堂课教学内容的教学模式，从而使得课堂教学效果最大化。

### 一、启发讲授模式

大学数学常规教学模式中的启发讲授模式是一种适用于现代教学的模式。该模式突出了教师在课堂中的主导作用，而且在学生中也强调了个体差异和个性化的学习方式，在教师的引导下，学生不仅能够深入了解知识的本质和意义，还可以积极地发挥思考、探究、创造的能力，最终实现知识的自主获取，被看作教育改革的重要探索方向之一。该模式的基本教学程序包括复习讲授、启发理解、练习巩固、检查反馈。

启发在启发讲授模式中发挥着重要作用，其主要方式如下。

### （一）归纳启发式

在大学数学常规教学模式中的启发讲授模式中，有一种常用的归纳启发式，即归纳法。归纳法是数学中常用的一种证明方法，也被广泛应用到数学教学中。其基本思想是，通过观察和总结一定数量的特定情况，得出一般情况的结论。在教学中，教师可以根据具体的例子，引导学生通过分析、总结各种情况，写出一般式或一般结论。具体操作时，教师可以采取以下步骤：先由具体的实例入手，详细描述每个实例的具体情况和特征，然后通过分析、比较，逐步总结出它们的共性和普遍性，推导出一般原理或结论。最后，简要概括规律，归纳到一般情况，并利用反证法进行证明。归纳法的使用能够帮助学生更好地掌握数学知识，深入思考数学问题，培养逻辑思维能力和分析问题的能力，具有重要的教育意义。

### （二）演绎启发式

在大学数学常规教学模式中的启发讲授模式中，演绎法是常用的一种启发式教学方法。演绎法的基本思想是，通过已知的前提条件，应用逻辑推理或公式演算等手段，得出结论。在教学中，教师可以根据不同的知识点和题目难度，设计不同形式的演绎法。具体操作时，教师可以先讲解一些概念和定义，再依据前提条件和已知条件，演绎出结论的步骤和方法。演绎的过程可以让学生逐步理解基本概念，深入认识知识点，也能够利用演绎过程中的错误推理和反证法，反复强调正确思维方法，提高学生的应用能力和解题能力。该方法对学生的要求较高，利用抽象概括和数学逻辑进行演绎启发需要花费较多的时间，当学生遇到问题时，需要教师的适时引导。演绎法的使用能够帮助学生更好地理解数学知识，锻炼推理能力，培养逻辑思维，让学生能够灵活运用数学知识解决各种问题。

### （三）类比启发式

在大学数学启发讲授模式中，类比法是一种常用的启发式教学方法。类比法的基本思想是，通过找到与所学数学知识相关的实际问题或生活中的例子，进行类比推理，使学生更容易理解和记忆。具体操作时，教师可以在讲解数学知识时，引入一些实际应用情境，如用数学公式解释运动物体的轨迹、用图形解释房屋设计的数量等。这样能够激发学生的兴趣，使他们更好地理解和记忆所学的数学知识。类比法还可以通过对比、类比不同的数学概念和定理，帮助学生更好地理解概念本身和它们之间的关系，帮助学生更加直观地理解抽象的数学知识，丰富学生的想象力和创造力，提高他们的解题能力和应用能力，同时能够让学生认识到数学知识在生活和科学研究中的广泛应用。

### （四）实验启发式

在大学数学教学中，实验启发式是一种常用的启发讲授方法，旨在通过实验验证和展现理论知识的正确性，帮助学生更深入地理解数学知识，并激发他们的学习兴趣。其重要意义在于可以让学生亲身体验数学知识在实际生活中的应用，帮助学生将抽象的理论知识真正应用到实践中去。

教师在运用实验启发式教学时，需要进行三项特殊活动：首先，在准备材料方面，教师需要精心选择、准备和摆放实验材料，并对实验器材进行检查和维护，确保实验过程的安全可靠和顺利进行；其次，在制订计划和监督计划实施方面，教师需要全面掌握学生的学习情况，以便更好地安排实验启发式教学的时间和具体计划，同时及时检查实验过程中学生的表现和成果，及时纠正错误和提供指导；最后，在教会学生如何操作方面，教师需要注重操作技巧和方法的讲解与演示，鼓励学生勇于实践，指导学生使用实验器材，进行实验操作，以及分析和总结实验结果，从而帮助学生提高实践能力和探究能力。

无论选择何种启发方式，教师都应当在其中发挥重要的引导作用，帮助学生将实验结果总结归纳为一种定律，并通过比较等方式，将这一定律与有关信息进行联系，促使学生的认知结构得到进一步完善，从而有效提高学生的学习热情与兴趣。

## 二、尝试指导—效果回授模式

尝试指导—效果回授模式的基本程序是诱导→尝试→变式→归纳→回授→调节。此教学模式的具体操作步骤包括以下几个方面。

### （一）启发诱导，创设问题情境

教师通过提出启发性问题，引导学生思考，从而创设新的问题情境。教师可以通过启发性问题，激发学生的求知欲与创造力，促进其自主发现和解决问题能力的提升。

### （二）探求知识的尝试

针对学生的实际情况，教师开发探究性学习方法，探求达到目标的有效方式。通过归纳、推演、联想、实验、观察、阅读等方式，促进学生的知识积累和能力提升。

### （三）变式练习的尝试

为了提高学生的灵活性和适应性，教师在学生掌握基础知识的基础上，进行反复变换练习，激发学生的学习兴趣。通过不同形式、不同难度的练习，增强学生的独立思考能力和自信心。

### （四）归纳结论，纳入知识系统

归纳结论是对学生所学知识进行总结概括的关键环节。通过对学习内容进行归纳总结，学生可以更加深刻地理解知识，并将其纳入自己的知识体系，从而加深对所学知识的印象和记忆。同时，通过这种方式，学生可以更好地发现知识之间的联系和规律，进一步增强自己的思考能力和创新思维。

### （五）回授尝试效果，组织质疑和讲解

通过组织质疑和讲解，帮助学生更好地理解所学内容，促进知识的深入掌握。质疑可以激发学生思维，拓宽学生视野，讲解则能够帮助学生进行更深入的学习和思考。互动式回授尝试，将知识变得更加生动形象，更容易被学生理解。

### （六）单元教学效果的回授调节

尝试指导—效果回授模式是一种交互式的学习模式，其核心在于对学习效

果进行回授和调节，以帮助学生更好地理解和掌握所学知识。在该模式中，单元教学效果的回授和调节是至关重要的一环，对于学生的学习效果和教学质量的提升都具有重要作用。

通常来说，诱导、尝试、变式、归纳、回授、调节个环节共同构成了尝试指导—效果回授模式课堂教学的基本结构。然而这种结构并非一成不变，它可以根据教学实际情况进行灵活调整。在这五个环节中，诱导环节旨在激发学生对学习效果回授的兴趣，为学生尝试学习创造条件；尝试环节是让学生自主学习动手实践的阶段，也是五个环节中的关键环节；变式环节重点让学生进一步思考、探究和创新，是对尝试所得的知识与技能的进一步巩固与强化；归纳环节是对尝试所得知识的整理、归纳与总结，使其更加系统化与明确化，并为回授阶段做准备；在回授环节，教师能够基于归纳，调整学习策略和方法，具体评估学生的学习情况，帮助学生进一步提升学习效果。

## 三、问题解决教学模式

问题解决教学模式又称发现式教学模式，是一种以学生主动探究和发现为基础的教学模式。该模式强调学生在自主探究中发现知识并深入理解，而不是单纯地接受教师的知识解释。该模式在一定程度上可以提高学生的学习动机和兴趣，激发学生的自主探究能力和创新能力，加深学生对知识的掌握和理解，并帮助学生在解决问题的过程中培养解决问题的能力和方法。

问题解决教学模式的基本程序是创设情境→分析研究→猜测归纳→验证反思→运用结论。

### 1. 问题解决的含义

数学的本质是解决实际问题，随着时代的发展，其含义也在发生变化。

自 20 世纪 80 年代开始，问题解决才真正成为美国数学教育的中心环节，并于之后逐渐成为世界性的潮流，得到了业内人士的普遍认同。在这一潮流的影响下，世界各国的心理学家、教育学家对问题解决开展了一系列高水平与系统性的研究工作，并提出了许多精辟的、富有启发性的观点。

目前，学术界和实际应用对问题解决有不同的理解和看法，大致可以分为以下五种。

（1）问题解决是心理活动。问题解决是一种心理活动，指的是个体在面对新的情境、课题或矛盾时，发现自己缺乏现成的解决方案，因此需要通过寻找和选择处理方法来解决问题的过程。这种心理活动常见于人们的日常生活和社会实践中，并要求个体具备灵活的思维和决策能力。

（2）问题解决是过程。问题解决实质上是将已有的知识运用到新的情境当中的过程。

（3）问题解决是教学类型。这一看法主张问题解决是课程理论的重要组成部分之一，该活动形式可以视为教或学的类型。

（4）问题解决是目的。解决问题是学习数学的终极目标。

（5）问题解决是能力。这一看法强调问题解决是一种能力，特别是将数学应用于不同情况的能力。然而，问题解决的能力并不局限于数学问题的解决，它涵盖了各种不同领域和情境中的问题解决过程。

虽然上述对于问题解决的理解各有不同，但是不可否认的是，它们之间存在一定的共性，即问题解决既是一种具体的技能，又贯穿数学教育的全过程。

2. 问题解决的教学模式

问题解决的教学模式是当前越来越受欢迎的一种教学方式，它主要包括如下三个环节。

（1）提出问题及其背景。在这一环节中，教师需要通过一定的教学手段引导学生，向学生介绍当前的问题及其背景，促使学生逐渐产生兴趣并思考该问题的可能解决方法。此外，创设合适的教学情境对于学生掌握问题解决方法也具有很大的帮助。

（2）出示问题系列，展开认识活动。这一环节是问题解决教学模式中最关键的一个环节，教师需要通过一系列的问题引导学生尝试分析问题，发现问题所在，并且形成问题的结构和模型。这一环节的核心是启发学生主动思考问题，帮助他们发展创造性思维，从而使学生能够有效地解决问题，能力得到提高。

（3）总结解决过程。在这一环节中，教师需要总结整个问题解决的过程，包括问题的分析、解决方案、实施步骤及其预期效果等，以便学生对问题解决的思路和方法进行深入的探究，同时帮助学生构建问题解决的思考模式和方法。

3. 实施问题解决教学模式的教学要求

（1）需要进行知识与解题策略准备。任何教学模式的实施都需要教师拥有相应的知识和技能储备。针对问题解决教学模式，教师需准备相应的数学知识，掌握一些常见的解题策略。教师只有积累了足够的数学知识和解题策略，才能更好地辅导学生解决问题。此外，教师还要对教材认真研读，理解教材中的数学概念和解题方法，为后面的教学实施做好准备。

（2）需要进行情境准备。问题解决教学模式强调情境的创设，让学生在合适的情境下进行学习和解题思考。教师要选取生动、有趣、鲜活的情境，将数学知识点与实际情境结合起来，让学生感受到数学知识的生动性和实用性。

（3）对教学探究活动比较重视。问题解决教学模式的核心在于教学探究活动。学生通过一系列的问题探究活动，积极主动思考和解决问题，从而加深对数学知识的理解和应用。联想、类比、归纳、演绎、特殊化、一般化、综合、分析等思维方法的运用是促使学生自主探究问题解决的最佳途径。在此过程中，教师引导学生将新旧知识联系起来，从而将一般原理概括出来。必要时，教师可以适当延长时间，并给予一定的提示。

（4）对学生数学素养的培养比较重视。问题解决教学模式旨在培养学生扎实的数学知识基础和解决实际问题的能力，而数学素养是学生掌握数学知识和解决数学问题的基本素养。因此，教师需要注重学生数学素养的培养，包括数学思维能力、数学口头表达能力、数学阅读能力等，同时要引导学生学会运用数学知识解决实际问题，提高他们的数学应用能力。与此同时，教师还要注重学生心理品质的培养，如态度、动机、灵活性、意志力、注意力等。

## 四、自主探究式教学模式

目前， 自主探究式教学模式已成为研究领域备受关注的一种教学模式，许多期刊都有相关文章进行深入研究。该教学模式强调学生的自主性和积极性，在数学教学活动中，学生与教师共同探究问题。该教学模式的课堂教学不仅致力于培养学生的探究能力，更关注教师以学生的实际情况为出发点，创设特定的问题情境帮助学生主动学习，指导学生在实践、探索和交流中获取知识、培养技能、积极思考以及学习方法。

探究在自主探究式教学模式的实施过程中发挥着关键性的作用，以下是常见的几种探究方式。

（1）情境探究方式。学生充满探究欲望，有能力解决符合他们认知水平和知识基础的问题。因此，在教学中，教师应该让学生以学习主人的态度参与教学，通过精心设置符合学生认知水平和知识结构的问题情境，让他们亲身经历数学发展过程，从而将新知识和方法纳入其认知体系。

（2）类比探究方式。在教学中，教师要通过巧妙的问题设计，挖掘出类比思想，以此引导学生进行探究式学习。设计问题时，教师要注意问题的结构具有可比性，这样才能引发学生进行类比思考，将之前已经学过的知识应用到新的领域。学生在学习的过程中要通过类比来探究一些新的知识，以达到更好的学习效果。

（3）猜想探究方式。科学的发现都源自大胆的猜想。在数学领域，数学家们十分善于捕捉生活中每个问题的初始阶段，并以此为基础不断向前推进、探究、猜想、归纳，加以验证。随着解决问题方案的逐步成熟，一系列新的数学问题不断产生。因此，在数学教学中，教师应该积极鼓励学生大胆猜想、推理、探究。

（4）引导探究方式。教师的引导与学生的探究是教学过程中启发思维的重要一环。教师在教学中需要关注学生在思维过程中所出现的问题，并对其进行疏通和指引，以促进其学习活动的顺利进行。在数学教学中，公理、公式、定理等各种概念和知识点都需要通过学生的探究和发现来帮助他们理解和掌握。教师的引导必须重视学生的探究，与之形成教和学的双向交互。在探究过程中，学生能够根据自己的思维方式和认知特点去发掘问题的深层次内涵，并逐步掌握其中的规律和道理。

（5）交流探究方式。传统的以被动听讲和练习为主的数学教学方式已经不能满足现实的需要。数学课程具有很强的现实性和实践性，并且过程需要成为课程内容的一部分。因此，学习方式必须具有意义，学生要有充足的时间和空间，通过自主探索、亲身实践、合作交流等方式来认识数学、解决问题，理解和掌握基本的数学知识和方法。为了让学生更好地掌握数学知识和方法，教学过程要注重学生的积极参与和主动性。学生要有更多的时间和机会来进行实践和探索，从而获得更深刻的理解和更丰富的经验。在这样的学习方式中，学生可以通过自己的思考和实践体验来获取知识，从而更好地记忆和理解。

## 第四节　大学数学教学模式创新

### 一、大学数学教学模式创新之翻转课堂教学模式

#### （一）翻转课堂概述

翻转课堂，又称反转课堂或颠倒课堂，是一种教学模式。它的核心思想是，教师在课前根据授课内容，将课程的重难点和部分新知识整合后，制作相关的教学视频，并让学生在课下观看，自主学习知识，然后，学生可以根据视频内容进行在线测试，加深对知识的理解和掌握，最终在课堂上带着疑问和问题参与师生和同学之间的互动交流、合作、共享、讨论，进一步加深对知识的理解并实现教学目标。这种教学方式可以提高学生的学习兴趣和主动性，使学生更好地掌握和应用知识，加强师生之间的互动和交流，实现教学目标。

简单来说，翻转课堂与传统教学相比，是将教师主导的知识传授转化为学生自主学习的过程，并将传统课堂上的练习和互动合作转移到课下。在翻转课堂中，教师通过制作教学视频等教学资源，在课下引导学生自主学习，学生可以在课下预习，获取基本的知识和方法。在课堂上，教师可以通过互动性强的讨论、小组活动、实验、演示等方式进行辅导和指导，以帮助学生更好地理解和应用所学知识。这种教学方式不仅可以提高学生的自主学习能力，还可以有效促进师生之间的互动交流和合作。

一般情况下，翻转课堂具有以下几个特征。

（1）具有较强的学习自主性。学生在翻转课堂教学模式中，展现积极主动的学习状态。学习特定知识点时，学生的认知基础和情感准备会对学习效果产生重要影响。在课前自学和完成课前测试后，学生的认知得到了充分准备，他们也可在学习过程中提出问题、解决困惑，并在很大程度上激发学习的主观能动性。

（2）采取针对性强的教学方式。教师在翻转课堂教学模式中会根据学生在课前自学的情况，针对学生的不同掌握程度，进行个性化的反馈和指导。在课堂上，教师更多地采取面向小组或个别学生的方式，解答他们在自学过程中遇到的问题，并提供一对一的辅导服务。相较于传统课堂中针对所有学生的教学讲解，在该教学模式中，教师已经成为学生学习过程中的合作者和指导者。

（3）师生间与学生间的互动更加高效。在翻转课堂教学模式中，学生可以在课前自主学习的过程中向同学、老师寻求帮助，同时在课堂上可以通过汇报交流、提出问题或回答他人问题的形式与同学和老师进行有效的互动。

### （二）基于翻转课堂的《高等数学》教学实践

基于翻转课堂教学模式理论的指导，在已有典型模式的基础上，我们对翻转课堂的流程和特征进行了分析，旨在构建一般的翻转课堂教学模式，以促进教学效果的提升。

混合学习理论启示了翻转课堂的重要性，该模式需要突出教师在教学过程中的引导、激励和监控作用，同时充分体现学生在学习过程中的主动性、积极性和创造性。此外，为了成功实施该模式，教师必须创设个性化的学习环境。因此，这个模式可以分为三个主要线索：教师活动、学生活动和主要学习环境。整个学习过程被分为课前、课中和课后三个环节，按照学习先后顺序安排。为了高效地实施翻转课堂，课前阶段的教师活动要包括对教材学情的分析、学习内容的细化、教学目标的制定、教学资料的准备、学习任务单的设计以及课前疑难的汇总。学生则要观看教学视频、搜集辅助材料、完成任务单、提出疑问、参与小组讨论、互动答疑和汇报课前学习情况。在课中阶段，师生互动是重点，包括聚焦问题、梳理知识、自主探究、合作讨论、补充讲解、分析疑难问题、完成作业、展示成果、个性化指导、集体辅导、自我检查与反思、总结点拨、反馈评价以及确定后续学习内容。在课后阶段，教师要指引学生拓展知识，鼓励学生发展课外探究兴趣。下面将通过具体案例来介绍师生互动和主要学习环境在各个阶段的作用。

我们以同济大学数学系编著的《高等数学》第七版第四章第一节“不定积分的概念与性质”为例，介绍翻转课堂教学模式在该节课中的实施。具体而言，将从课前、课中、课后三个环节的角度，详细地说明该翻转课堂教学模式的实施过程。

1. 课前环节

（1）教师活动。

①教师活动说明。在翻转课堂教学模式中，教师起着重要的组织和引导作用。在课前，教师要对教材进行全面阅读和分析，了解章节内容和难点，并细化学习内容，以便更好地指导学生。在此基础上，教师要制定教学目标，准备相应的教学资料和学习任务单。同时，教师要提前汇总课前疑难，以便在课堂中对学生的问题进行解答和指导。

在翻转课堂中，教师要对教材进行仔细研读和筛选，以提取核心知识点，把课程内容碎片化呈现。在充分考虑学生学习情况和教材内容的基础上，教师要准备相应的课前学习材料，但要注意不要过多涉及教材内容，避免学生失去耐心。对知识点的排列和组织，教师要结合知识的本质联系，以确保学生对理论和实践有更好的理解和应用。

通常来说，课前学习材料采用教学视频的形式。教师可以亲自录制视频，但要注意视频的视觉效果、互动性以及时长控制。教师的语言表达也很重要，要引导学生积极参与到视频学习中来。然而，制作长时间使用的教学视频是一项较为耗时的任务，因此，教师也可以选择使用网络上丰富的优秀视频资源。自从麻省理工学院开放课件以来，世界各大高校、组织和个人纷纷加入开放教育资源建设活动，提供了许多可供选择的网上课程资源，如哈佛大学、耶鲁大学的公开课，可汗学院课程，以及中国国家精品课程、大学公开课等，这些都是值得教师借鉴的视频资源。这些视频都是免费开放的，教师只需要根据具体情况进行选择即可。

对于学生而言，他们需要教师的引导来确定课前需要学习什么、如何进行学习以及如何检测自己的学习情况。在翻转课堂中，学习任务单可以作为一种任务驱动、问题导向的学习方式，帮助教师顺利地实现翻转课堂，并为学生的课前学习提供指导。学习任务单是由教师设计的文件，其中包含了学生需要明确的自主学习内容、目标、方法以及学习资源链接等信息。通常，学习任务单的格式为 Word 文档，学生可根据需要进行下载和打印。

②以《高等数学》中“不定积分的概念与性质”为例，探讨教师在课前的教学实践。教师可以通过以下活动来提前准备并引导学生。

a. 教材分析。“高等数学”是大学中理工科和管理类学生必修的一门基础理论课程，它的目标是让学生掌握必要的高等数学知识，提高其逻辑思维能力、计算能力、理论证明能力和灵活综合运用知识的能力，从而提高其数学素养。这门课程为学生日后学习其他相关课程和更深入的数学知识打下重要的基础。在学习高等数学的过程中，不定积分是一个非常重要的内容，它的学习需要建立在学生已经学习了微分知识理论的基础上。通过学习不定积分，学生不仅可以掌握积分和微分方程的相关知识，也可以提升自己的数学素养和应用能力。在微积分中，积分与微分是两个非常核心的概念，它们之间存在很强的联系。不定积分是由定积分反推回来的一种逆运算，因此在学习不定积分的时候，学生要对前面所学的微分知识打好基础。学习不定积分有许多公式和技巧，所以对于学生来说，学习这一章需要耐心深入地理解其中的定义和性质，并积极运用各种积分的公式进行计算。对于教师来说，要灵活运用不同的教学方法和手段，鼓励学生多思考、多讨论，从而提高学生的自学能力和应用能力。

b. 学情分析。大学生的心理特点方面：根据皮亚杰的认知发展理论，大学生已经进入相对成熟的形式运算阶段，这意味着他们能够进行较为高级的思维活动，如逻辑推理和抽象思考等。只是在自我发展方面，许多大学生尚需教育引导，以充分发掘自己的潜力并实现全面发展。大学生的自主学习方面：在经过国内基础教育学习后，大学生掌握了许多学习策略，如课堂笔记和知识的精加工，但在一些关键方面（如课前预习、课后复习和自我监控调节），学生的水平还有待提高。这些方面的提高将有助于大学生更好地适应学术要求和个人发展需要。在本节课之前，学生已经学习了函数的微分以及相关定理，并且能够熟练地进行微分运算。然而，对于本节课的内容，学生可能会发现灵活地运用积分公式来进行计算是比较困难的。

c. 教学目标。教学目标旨在帮助学生深刻理解不定积分的概念，并能够清楚地区分原函数和不定积分之间的差异。在此基础上，学生可以掌握微分和积分的逆运算关系，熟练掌握基本积分公式和不定积分的运算法则。同时，学生要灵活运用积分公式，利用初等化简和恒等变形进行简单计算。整个过程需要学生通过计算推理感知积分和微分的逆向过程，并感受数学知识的内在逻辑美。实现这些目标不仅能够帮助学生更好地应用积分知识解决问题，也能够帮助他们更好地理解数学知识的美感和内在逻辑。

d. 课前学习资源。观看多种不同教授的讲解视频，可以帮助学生了解多种不同的解题思路和方法，深化对不定积分的理解和应用能力。因此，学生可以根据自己的需要和偏好自主选择观看视频，从而更好地掌握不定积分和其他相关数学知识。

e. 学习任务单。学习任务、达成目标、学习测试、问题档案、学习反思和学习时长是本节课主要的学习任务。其中，引导学生对照基本初等函数的微分公式完成积分公式可以帮助学生深入理解积分与微分的关系，从而使学生更好地掌握不定积分的基本公式。而将不定积分基本公式按照被积函数类型重新排序，则有助于学生更好地记忆和应用不同类型的积分公式。此外，配几道简单的积分计算练习题作为学习效果测试，可以帮助学生检验自己的学习成果和水平，也有助于学生反思并发现自己可能存在的问题和不足。练习题也可以帮助学生加深对不定积分的理解，提高解题能力。

“不定积分的概念与性质”学习任务单

班级：________ 姓名：________ 学号：________

学习任务：预习书本“不定积分的概念与性质”的知识，观看相关精品课程视频。精品课程视频推荐由西安交通大学李继成教授主讲的《高等数学》有关不定积分的微视频。

达成目标：

（1）掌握原函数及不定积分的定义、不定积分的表示方法。

（2）了解不定积分的性质以及积分与微分的关系，熟记基本积分公式，能够应用公式进行简单的积分运算。

学习测试：

（1）填写基本初等函数的微分公式。

$\mathrm{d}(C)=$______ $\mathrm{d}(x^n)=$______

$\mathrm{d}(\sin x)=$______ $\mathrm{d}(\cos x)=$______

d（tan$x$）=______　d（cot$x$）=______

d（sec$x$）=______　d（csc$x$）=______

d（$a^x$）=______　d（$e^x$）=______

d（arcsin$x$）=______　d（arccos$x$）=______

d（arctan$x$）=______　d（arccot$x$）=______

（2）填写基本初等函数的积分公式。

| 被积函数 | 积分公式 | | | |
|---|---|---|---|---|
| 常值函数 | 1 | $\int k\mathrm{d}x=$______ | | |
| 幂类函数 | 2 | $\int x^n\mathrm{d}x=$______ | 3 | $\int \frac{1}{x}\mathrm{d}x=$______ |
| | 4 | $\int \frac{1}{x^2}\mathrm{d}x=$______ | 5 | $\int \frac{1}{\sqrt{x}}\mathrm{d}x=$______ |
| | 6 | $\int \frac{1}{\sqrt{1-x^2}}\mathrm{d}x=$______ | 7 | $\int \frac{1}{1+x^2}\mathrm{d}x=$______ |
| 指数函数 | 8 | $\int a^x\mathrm{d}x=$______ | 9 | $\int \mathrm{e}^x\mathrm{d}x=$______ |
| 三角函数 | 10 | $\int \sin x\mathrm{d}x=$______ | 11 | $\int \cos x\mathrm{d}x=$______ |
| | 12 | $\int \sec^2 x\mathrm{d}x=$______ | 13 | $\int \csc^2 x\mathrm{d}x=$______ |
| | 14 | $\int \sec x\tan x\mathrm{d}x=$______ | 15 | $\int \csc x\cot x\mathrm{d}x=$______ |

（3）求下列不定积分。

①$\int (x^2+1)^2\mathrm{d}x$；②$\int 3^x\mathrm{e}^x\mathrm{d}x$；③$\int \frac{x^2}{1+x^2}\mathrm{d}x$；④$\int \frac{\cos 2x}{\cos^2 x\sin^2 x}\mathrm{d}x$。

（4）一个质量为$m$的质点，在变力$F=A\sin t$的作用下沿直线运动，试求质点的运动速度$v(t)$。

（5）问题档案。

（6）学习反思。

（7）学习时长。

（2）学生活动。

①学生活动说明。学生在课前可以根据学习任务单的内容要求，自主观看教学视频并查找相关的学习资料，加深对不定积分的定义与性质的理解。此外，学生可以通过学习任务单上的测试题来检验自己的掌握程度，也可以与同学共同讨论解决不会的问题，增强学习效果。

②课前学生学习实践案例。学生通过自主学习完成学习任务单并提出问题，可以在小组合作讨论中互相交流，分享对问题的看法和认识。如果无法解决问题，可以等到课堂讨论时与老师和其他同学一起探讨，这有助于集思广益、共同破解难题，并且可以加深对知识点的理解和掌握。汇总的问题主要有：积分公式中$\int\frac{dx}{x}=\ln|x|+C$不太理解，积分表中第四个和第五个出错率较多，积分计算③和④这两道题有难度，以及第（4）题不理解题意。

学生完成学习任务单后，应将内容反馈给教师，这样教师可以了解学生的学习情况和问题，从而更好地把握学生的掌握情况以及知识点难易程度，并且确定在课堂中需要重点讲解和解答的内容。这也是课前教师活动中汇总课前疑难的重要方式。

（3）主要学习环境的支持。数字化环境在课前环节中扮演着重要角色，其基于物质环境和社会环境。教师和学生都需要数字化环境的支持来完成教学内容的设计和自主学习活动。在教学过程中，教师可以充分利用全球共享的数字资源作为教学素材。在开发课前学习内容时，教师可以将数字化处理过的视频、音频、图像和文本资料等整合为学习资源，并与学生共享。对于学生来说，数字化环境可以提供个性化的学习发展机会，学生可以根据自己的兴趣和能力选择不同难度的内容进行探索，为未来的终身学习打下坚实的基础。翻转课堂的课前环节同样需要数字化环境的支持，以提高教学和学习的效率和效果。在面对众多信息资源时，教师和学生必须在数字化环境中培养评估、鉴别和有效使用信息的能力。学生在课前自主学习时，应该学习如何调整学习状态，选择适当的场所，遇到难以理解的知识时，应该尽快查阅资料或向同伴或教师寻求帮助。在数字化环境的支持下，课前环节可以更加高效、便捷地完成，为教师和学生提供了更多的学习机会和全新的体验。

2. 课中环节

在课中环节的教学与学习中，教师和学生之间的互动是一个双向的交流过程，这种互动贯穿整个教学活动。教学现场应该是一个开放的社交环境，在这个环境中，教师和学生可以以面对面的方式沟通和探讨，共同激活学生的思维，激发学生的学习兴趣。鉴于此，教师和学生要共同努力，创造一种积极、愉悦的学习氛围，使课中环节更加顺畅和有效。在这样的教学氛围下，教师应该引导学生大胆提出问题和质疑，并鼓励他们积极参与问题讨论，从而实现教学相长的目的。

在翻转课堂实施框架中，教师和学生应该共同确定学习的目标和疑难问题。在课前，学生可以独自或者合作讨论，有针对性地梳理知识。教师应该提供有针对性的讲解，解决学生的疑问，分析学生不易理解的概念和性质等理论知识，使学生对所学内容有更深入的了解。接着，学生要在自主完成作业或成果展示的时间内进行深度学习，教师则要巡视学生做作业情况，对学生进行个别指导。待学生完成作业之后，教师可以组织集体辅导，讲评作业练习，让学生进行自我检查和反思，以便更好地内化知识点。最后，师生可以共同总结学习成果，反馈学习情况，并确定下一节课的学习内容。下面将以“不定积分的概念与性质”的教学实践为例，对课中环节进行详细说明。

教师根据学生在课前自主学习的反馈，确定了主要教学活动。这些活动旨在帮助学生深入理解不定积分的概念、性质和计算简单函数的不定积分的方法。教师将引导学生进行探究式学习，帮助他们更好地理解和掌握这些概念和方法。

为了帮助学生更深入地理解不定积分的定义，教师采用了举例子的方法。这种方法比起书本上严格抽象的定义，更加生动形象，更容易让学生理解不定积分的概念。

教学片段一：

师：我们对于导数的计算已经很熟悉了，如$(x^2)'=2x$，同学们根据课前对本节课内容的初步学习，知道了$2x$的一个原函数是$x^2$，由导数的计算性质有$(x^2+C)'=2x$，可把$x^2+C$（$C$为常数）看成一类函数，这类函数实际上就是$2x$的不定积分。上升到不定积分的定义则为：若$F'(x)=f(x)$，则$F(x)+C$可以表示$f(x)$的所有原函数，也就是$f(x)$的不定积分，表达式为$\int f(x)\mathrm{d}x=F(x)+C$。

教师在讲解基本积分表时，基于学生的掌握情况，重点讲解了两个公式$\int \frac{1}{x}\mathrm{d}x=\ln|x|+C$和$\int \frac{\mathrm{d}x}{\sqrt{1-x^2}}=\arcsin x+C$。

教学片段二：

师：求$\int \frac{1}{x}\mathrm{d}x$，被积函数的定义域为$x\neq 0$，请同学们思考哪一个函数的导数是$\frac{1}{x}$，$\frac{1}{x}$的不定积分是怎样的，也就是它所有的原函数怎样表示。

生：$\frac{1}{x}$的不定积分是$\ln|x|+C$。

师：$\ln x$的导数是$\frac{1}{x}$，而$\frac{1}{x}$的不定积分是$\ln|x|+C$，为什么结果中的$x$要加绝对值?

生：函数$\ln x$中的定义域$x>0$，而被积函数的定义域为$x\neq 0$，要分类讨论。

教师板书：当$x>0$时，$(\ln x)'=\frac{1}{x}$；当$x<0$时，则有$[\ln(-x)]'=\left(-\frac{1}{x}\right)\times(-1)=\frac{1}{x}$，所以综合起来就得到公式$\int \frac{1}{x}\mathrm{d}x=\ln|x|+C$。

教学片段三：

师：对于公式$\int \frac{\mathrm{d}x}{\sqrt{1-x^2}}=\arcsin x+C$，则有①式$\int -\frac{\mathrm{d}x}{\sqrt{1-x^2}}=-\arcsin x+C$，而在倒数运算中，有这样一个等式，即$(\arccos x)'=-\frac{1}{\sqrt{1-x^2}}$，由不定积分的定义，得出②式$\int -\frac{\mathrm{d}x}{\sqrt{1-x^2}}=\arccos x+C$。请同学们对比①式和②式。这两个等式是否都成立？有区别吗?

生：一样的，因为$\arcsin x+\arccos x=0$，$C$为任意常数。

生：$\arcsin x+\arccos x=\frac{\pi}{2}$。（对上一学生发言的纠正）

师：对，$C$为任意常数，又因为$\arcsin x+\arccos x=\frac{\pi}{2}$，所以①式和②式都对，它们只是形式上不一样，本质是一样的。

学生在课前通过自主学习已经初步掌握了不定积分的概念、性质和基本积分公式，知道求解函数的不定积分就是找到它的原函数。在这节课上，教师着重讲解了几个容易出错的公式，同时演示了求解简单函数不定积分的计算过程，并强调了需要注意的问题。通过这一过程，教师帮助学生厘清了思维方法，进行了细致的引导。此外，在本节课中，计算公式丰富，题目类型多样，计算方法也很灵活。教师在带领学生梳理完基本知识后，列举了三种不同类型的题型，并给予了详细指导和讲解。第一种是被积函数用分式或根式表示，如求$\int\frac{1}{x^3}dx$、$\int x^2\sqrt{x}dx$等类型的题目，教师引导学生认识到这些被积函数实际上是幂函数，应先把它化为$x^\mu$的形式，然后应用公式$\int x^\mu dx=\frac{x^{\mu+1}}{\mu+1}+C(\mu\neq-1)$来求不定积分；第二种是被积函数不是积分表中现有的类型，如$\int\tan^2xdx$，$\int\sin^2\frac{x}{2}dx$等，可先利用三角恒等变形，化成积分表中所含有的类型，再逐项积分；第三种是被积函数的分子和分母都是多项式，如$\int\frac{(x-1)^3}{x^2}dx$、$\int\frac{2x^4+x^2+3}{x^2+1}dx$等，可通过多项式的除法，把它转化为积分表中所含有的公式，再逐项求积分。这种分类教学的方式可以让学生更好地理解和掌握不定积分的运算规律。

在本节课的学习中，学生首先需要完成教科书后的课后习题，重点是求解函数不定积分和有关不定积分的应用题。作业完成方式十分多样，有的题目需要学生口头表达自己的观点和思想，有的则要学生在黑板上进行演示，还有一些是需要在练习本上独立完成的。其次，在学生完成作业的过程中，教师会在学生中间进行巡视，观察学生的学习情况，如果学生遇到问题，可以随时向教师请教。同时，教师也会与小组共同交流，以帮助不同水平的学生提高。再次，学生完成作业后，教师会以学生在黑板上的习题为主，以集体辅导的方式对作业进行补充讲解，学生可以跟随教师的授课进行自我检查和反思。最后，师生一起总结本节课所学的知识和方法，进行反馈和点评，同时确定下一节课“换元积分法”的学习内容。

3. 课后环节

在培养学生多元发展方面，课后环节扮演了重要角色，其主要任务是通过引导学生了解更多的课外知识和发展更广泛的兴趣爱好，促进学生全面成长。但是这个过程并非易事。由于学生的视野受限，他们往往难以找到与学科相关或认知领域内的可接受的课外学习内容。为了帮助学生更好地进行自我发展，教师需要发挥他们广泛的知识面和丰富的教学经验的作用：可以通过引导学生查阅资料来帮助学生找到值得关注的领域并培养他们感兴趣的知识和技能。当然，教师应根据学生的学习情况、本课程的知识拓展需求以及学生的总体学习量等多种因素来决定是否安排课后学习环节。课外学习不一定是必需的，因此要据此来安排。

以“不定积分的概念与性质”章节为例，教师会引导学生阅读有关不定积分一题多解的文献，这将会帮助学生锻炼自己的思维能力。学生需要完成这项作业，同时这项作业也是该章的课后作业。在第一节课上，学生初步认识了不定积分及其基本计算方法，在随后的学习中，学生还需要掌握很多其他题型和求解方法，这项作业需要在该章学习的整个时间段内完成。完成这项作业的学生可以减轻学业负担，同时开阔视野和发展思维，并且在数字化环境中识别和运用信息资源的能力也会得到锻炼。

## 二、大学数学教学模式创新之分层教学模式

随着近年来高校扩招带来的问题，大学新生的数学基础水平出现了不均衡的情况。此外，大学数学教师的数量相对不足，这些问题不可避免地在高等数学课程的教学过程中引发了一系列连锁问题。例如，对于一个学生数学基础水平参差不齐的自然班的教学，教师通常只能帮助基础较差的学生，以最大限度地照顾班里的学生，及时补充基础知识。但这种处理方法不可避免地牺牲了基础较好的学生的学习机会，使他们失去了更多、更深入地学习知识的机会，同时可能导致这些学生失去学习数学的兴趣。同样一个教师面对不同专业的平行班的教学也会因为学生的水平差异而受到影响。当然，对于同样的课程，统一的进度是最理想的，但不同班级的学生接受能力存在很大差异，这使得不同班级的进度出现差异，从而影响教师的教学效率。

在大学数学教学中，面对学生数学基础和数学素养的较大差异，教师要思考采用何种教学模式才能达到更理想的教学效果，确保每个学生都建立自己所需的数学基础，帮助他们在后续专业学习和研究中更好地展现自己。在实践中，摸索出了“因材施教”的分层教学模式，采用该模式，教师会根据学生的数学基础和能力将学生划分为不同的阶段，针对不同阶段的学习目标和要求采取不

同的教学策略和方法。采用这个模式，教师可以确保每个学生学习到适合自己水平的数学内容，逐步夯实自己的数学基础，并不断提高自己的数学素养。

### （一）分层教学的概念及形式

分层教学是指教师从学生现有的知识基础和能力水平出发，将学生分成几个不同水平的群体，对每个群体采用不同的教学方式和辅导方式，进而达到不同层次的教学目标。这种教学方式体现了“因材施教”的教育理念，即根据学生的不同情况而采取不同的教育措施，使每个学生都能够得到适度的教育和培养。

分层教学模式克服了“一刀切”的教学方式的弊端，能够更好地满足基础好和基础差的学生的学习需求。教师在制订教学计划时会针对不同层次的学生设定不同的教学目标，并采用不同的教学内容和方法，让每个学生都有机会取得成功并保持学习的兴趣和信心。这种教学方式也有助于建立积极的师生关系，帮助师生更好地合作和交流，提高课堂教学质量。同时，学生的积极反馈和表现也能给教师带来成就感。

教育界普遍认同的分层教学方式具备多种形式，其中常见的有班内分层目标模式、分级走班模式以及能力目标分层监测模式等。在班内分层目标模式中，原有的教学班级保持不变，而各个层次的学生则设立不同的学习目标，以便在教学中实施有针对性的教学、辅导和测试。而分级走班模式则是通过一次数学基础摸底考试，将同班学生按照其数学掌握程度分为不同级别的班级，并在授课过程中对不同层次的学生进行有差别的教学。能力目标分层监测模式在分级走班模式的基础上增加了一个动态调整过程。也就是说，根据学生后续的学习和掌握情况，及时调整学生所属的层次，以便更好地满足学生的学习需求。

### （二）大学数学分层教学模式的具体实践

分层教学模式多种多样，为了实现课堂教学效益最大化，需要教师根据具体的授课情况进行适时的调整与评估。

班内分层目标模式以班级为单位，保留了教学自然班，无须进行前期摸底考试，受到了一定程度的推崇。然而，教师在实施班内分层目标教学的过程中，需要承担很多的工作。在教学前，教师必须完整而准确地掌握每个学生的基础水平和掌握程度，再根据学生的差异将其分组，并制定不同的学习目标。在教学与考核中，教师要花费更多的精力和时间，对不同层次的学生进行差异性的教学和考核评价。这样的教学模式对于小班级（30 人以内）和专业性比较强的大学数学课程，相对容易操作且效果良好。但是，在大型公共课堂（50 人以上）中，该模式的不足显而易见：时间分配紧张，教师很难在有限的课程时间内，对不同的小组进行分层教学，甚至无法满足所有学生的需求，降低了教学效率。因此，该模式不太适合这种类型的课程。当然，作为教育教学模式的一种，班内分层目标模式仍然有其适用性和合理性，需要根据实际情况灵活运用。

此外，由于大学数学课程的教授时间具有一定的局限性，如仅有一个学期的时间进行“线性代数”的教授，而用一学年的时间来教授关于“高等数学”和“微积分”的授课内容。因此，若是采用能力目标分层监测模式则无法取得预期教学效果。换句话说，就是在大学数学学习期间对学生所在层次进行中途调整会造成学生学习上的不适应。故此，分级走班模式对于大学数学教学来说比较适合。

具体来说，分级走班模式就是让拥有相同兴趣爱好、认知水平一致的学生在同一班级，一方面便于教师更加有针对性地辅导，另一方面有助于学生之间的共同学习与进步。不过，分级走班模式也有缺点，其中最主要的弊端就是将学生分为不同的层次，往往会对分到低级别层次且心理相对脆弱的学生造成伤害。在实践中，由于学生对于分级的抵触情绪，在分班时一般采用相对隐性的分层方式，这样既可以不给学生太大的压力，产生厌学情绪，又可以更好地保证学生的学习积极性。此外，教师需要加强学生的心理辅导和积极引导学生树立自信心，使学生在学习过程中更加坚定自己的信念，以达到更好的分班效果。首先，针对数学基础相对较弱的专业，如政治管理专业等，直接调整教学方法和教学目标是必要的。我们使用相对简单的教材，同时减少数学课的课时量，让学生通过学习了解高等数学的基本概念、基本定理以及基本数学思想，掌握基本的高等数学中导数、积分等可能涉及的运算。这样，能有效提高学生的数学应用能力，为其后续学习打下坚实的数学基础。对于经济类的专业，不同于其他专业，我们使用统一的教材。对于某些文科生占绝大多数的专业如电子商务专业等，我们对教材内容有选择地进行删减。在教学中，我们以教授基本概念、基本运算方法为主，使学生能够掌握和应用数学基础知识，为其后续学习打下基础。其次，为了更好地满足不同专业的学生需求，教师可以通过学生自主选择，对某些专业的学生进行数学分班教学，并以此作为学生后续划分方向的依据。以金融专业为例，不同的小方向对数学的要求有所差异。对于金融工程方向的学生，需要具备较深且扎实的数学基础，需要熟练掌握“高等数学”和“高等代数”两门高阶数学课程。而其他金融类方向的学生只需要掌握“微积分”和“线性代数”两门一般难度的数学课程即可。因此，针对金融专业的学生，我们将开设不同级别的数学课程，供学生自主选择。在数学分班教学中，学生可以根据自身的水平和意向选择不同的数学课程。有意向将来读金融工程方向的学生应选择高阶数学课程，从而夯实自己的数学基础，为未来做好准备。认为自身数学基础一般或是将来不考虑进入金融工程方向的学生则可以选择一般的数学课程，以满足自身当前的学习需求。金融专业的数学课程通过学生自主选择形成了分层教学，获得了良好的教学效果。然而，这种模式存在一些弊端：完全自主选择的学生容易集中选择高阶数学课程。很多学生因为对自身数学水平把握不准，单纯因为将来可能需要学习金融工程而选择高阶数学课程。但是，这些学生往往在课程开始后发现自己的数学水平达不到高阶课程的要求。这时，这部分学生只能在尝试失败后，下一个学期改选一般课程。

大学数学分层教学模式在实际应用中取得了显著的成效。该模式允许具有不同基础知识的学生接受适合自己的数学教育，成功地实现了因材施教的教育目标。由于须进行明确的分班考试，学生更容易接受这种教学模式，反馈也相当积极。尽管金融专业的学生仍有过度选择高阶数学课程的现象，但经过几届学生的示范，选择高阶课程而无法坚持到底的学生数量已经显著减少。在未来的教学实践中，我们可以在维持学生自主选择课程的同时，根据他们的高考数学成绩设定一个适当的门槛，以便进一步纠正学生过度选择高阶课程的情况。

# 第四章　现代教育技术赋能大学数学教学

## 第一节　现代教育技术概述

### 一、现代教育技术的概念

“现代教育技术”这个词语自20世纪90年代起在国内逐渐普及，它主要是指运用现代教育理论及计算机技术、人工智能技术、多媒体技术等现代信息技术来设计、开发、利用和评估教学过程和资源，从而实现教育优化的理论与实践。它与教育技术相比，两者本质上一致，但现代教育技术更侧重探讨与现代科学技术相关的问题。因此，我们可以对现代教育技术如此定义：基于现代教育理论、思想和方法，运用现代信息技术手段，旨在实现教育优化的教育方式和方法。

从更广泛的角度来看，现代教育技术的现代性主要表现在三个方面：第一，更加关注与现代科技相关的议题；第二，充分运用现代科技的成果；第三，教育技术呈现出更强烈的现代化和信息化特征。

### 二、教育技术的产生与发展

#### （一）国外教育技术的产生与发展

教育技术以科学技术为支撑。教育技术的发展，从某种意义上说也反映了科学技术的发展。关于国外教育技术的发展，可以从教学媒体系统、媒体技术、教育技术名称演变等几个角度进行不同的划分。在此，我们以教育技术名称演变为依据，将国外教育技术的发展划分为视觉教学阶段、视听教学阶段、视听传播阶段和教育技术阶段这四个阶段（图4-1）。

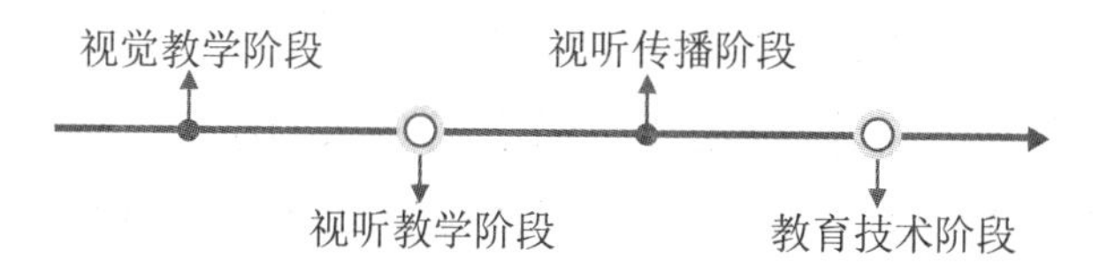


图 4-1　国外教育技术发展的四个阶段

1. 视觉教学阶段（19 世纪末至 20 世纪 30 年代）

视觉数学阶段是国际教育技术发展的初级阶段，始于 19 世纪末，当时幻灯机、照相机等媒体开始应用于教育领域。1906 年，美国宾夕法尼亚州的一家出版公司出版了《视觉教学》一书，其目的就是更好地促进教育工作者使用幻灯片和照相机进行教学，对视觉教学的推广发挥了重要作用。1923 年 7 月美国成立了全美教育协会“视觉教育部”，进一步促进了视觉教育在学校的普及。

2. 视听教学阶段（20 世纪 30 年代至 50 年代）

20 世纪 30 年代初，随着录音机、有声电影、无线电广播等技术应用于教学，教育技术从视觉教学阶段发展到了视听教学阶段。正是视听技术的运用使得教学内容开始丰富起来，也使得教学内容被更为直观地呈现。美国视听教育家戴尔曾在自己的著作《视听教学法》中提出“经验之塔”理论（图 4-2），该理论肯定了视听教学，同时对视听教学做出了总结。也正因如此，该理论后来成为视听教学的重要理论基础。

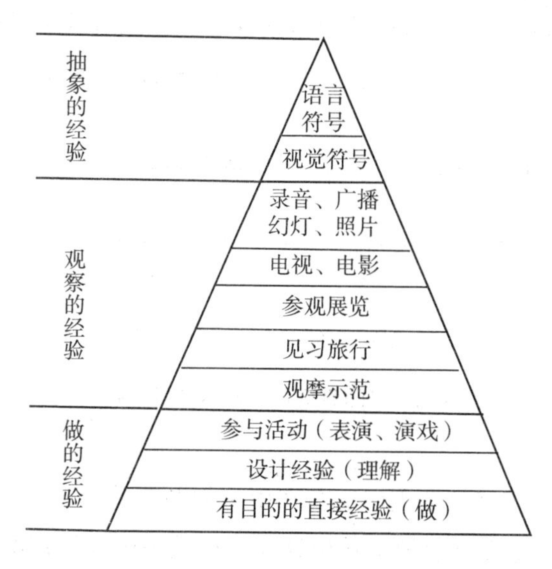


图 4-2　“经验之塔”理论

3. 视听传播阶段（20 世纪 50 年代至 60 年代）

20 世纪 50 年代，随着传播学理论在教育领域的应用，研究者和教育者从信息传播的视角开始对教育教学活动进行审视，教育技术从视听教学向传播转型。尽管视听教学和视听传播都聚焦视听方面，但二者在本质上是不同的。视听传播改变了视听教学的理论架构和应用领域，意味着视听教学不再限于视听教具的运用，而是将关注点放在了传播者通过多种途径将教学信息传递给接收者的过程上。

4. 教育技术阶段（20 世纪 70 年代至今）

自 20 世纪 70 年代起，随着录像机、卫星广播电视、电子黑板等设备在教育领域的广泛应用，教育技术取得了显著进步。1970 年 6 月 25 日，美国教育协会将视听教育协会改为教育传播与技术协会，并给出了教育技术（Educational Technology）的定义。随着科技的发展，教育技术的研究更加深入，应用实践也更为广泛，从单一的媒体研究拓展到教学系统，形成了独特的研究范式，也使得教育技术成为一个独立的学科。

### （二）我国教育技术的起源与发展

相较于国际教育技术的发展，我国教育技术的起步较晚，其起源可以追溯到 20 世纪 30 年代的电化教育（这个术语在中国是独有的）。从电化教育的萌芽发展至今，中国教育技术的演变可以分为四个阶段（图 4–3）。

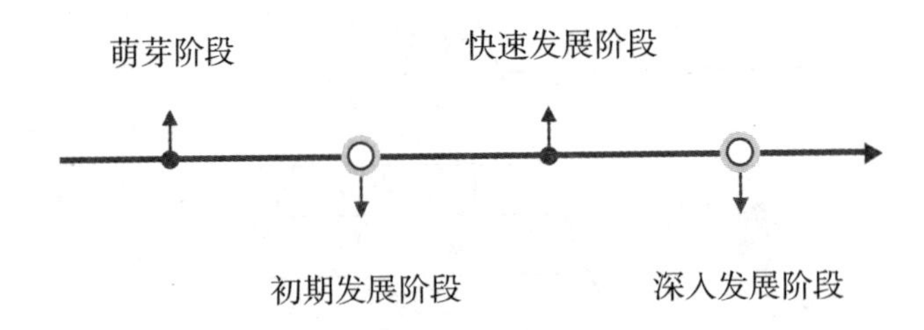


**图 4–3　我国教育技术发展的四个阶段**

1. 萌芽阶段

1922 年，美国基督教会美以美会在南京创办的教会大学——金陵大学首次使用无声电影和幻灯片讲解棉花种植知识，这是中国高校首次尝试电化教育。1935 年，江苏镇江民众教育馆的大会堂更名为“电化教学讲映场”，这也是我国首次出现“电化教学”一词。1936年，教育界人士正式提出“电化教育”这一术语，自此，电化教育得到了广泛应用。

2. 初期发展阶段

1949年，文化部（现为文化和旅游部）科学普及局设立电化教育处，其职能就是向全国推广电化教育。北京市和天津市于1955年各自创立了广播函授学校。1958年，全国范围内的教育改革运动进一步促进了电化教育的发展。在此期间，得益于政府的支持和学校的积极实践，电化教育在全国形成了一定的规模。

3. 快速发展阶段

在20世纪70年代末，我国电化教育进入了快速发展阶段，取得了显著的成果，具体包括以下几个方面。

（1）全国范围内各省、市、县纷纷设立电化教育机构，构建起相对完整的电化教育网络体系。

（2）各级学校在硬件和软件方面取得了突出的建设成绩，众多学校配备了计算机室、语言实验室、电化教育室等基础设施，为电化教育的稳步发展打下了坚实基础。

（3）电化教育人才培养初步建立起体系。自1983年起，相关专业陆续设立，接下来的几年里，很多高等院校纷纷开设电化教育专业，覆盖了研究生、本科和专科三个层次。

（4）1986年，中国教育电视台创立，开展卫星电视教育，标志着我国教育技术进入全新发展阶段。

4. 深入发展阶段

自20世纪90年代初开始，伴随多媒体技术和信息技术的飞速发展，我国教育技术进入了深入发展阶段。相较之前的阶段，此阶段的显著特点如下。

（1）教育技术手段逐渐多元化，同时向网络化、虚拟化、智能化的方向演变。

（2）在教育技术应用越来越广泛的背景下，各层次学者对教育技术进行了深入研究。多媒体技术融入网络技术，使教育技术理论与实践应用发生深刻变革。

（3）教育技术的进步使其支持下的学习环境逐步展示了开放、共享、协作和互动等特质。所以，人们关注的焦点慢慢放在了共享学习以及协作学习环境的建设上。

## 三、现代教育技术的重要性

现代教育技术是现代教育不可或缺的组成部分。在当前强调教育现代化的时代，现代教育技术变得尤为关键。具体来说，现代教育技术的重要性主要表现在以下几个方面。

### （一）推进教育信息化进程

教育信息化是指全方位、深层次地在教育领域应用现代信息技术，从而推动教育的革新和发展。教育信息化以网络化、数字化和智能化为特点，以开放、互动和共享为特征。这是实现教育现代化的必经之路，也是构建终身教育体系的重要手段。目前，世界各国都在加速教育现代化进程，而教育信息化无疑成为评定各个国家教育发展水平的重要指标。

为了推进教育信息化进程，教育部于2018年4月发布了《教育信息化2.0行动计划》，这一计划的发布，标志着中国教育信息化发展正式步入智能化时代。2019年2月，中共中央、国务院发布了《中国教育现代化2035》，进一步彰显了国家对教育现代化的高度重视。现代教育技术，作为一种以现代信息技术为核心的教育手段，其在教育领域的应用无疑将有力地推进教育信息化的进程。

### （二）推动教师职业发展

教师职业发展是指教师在职业生涯中，通过持续学习和专业培训，慢慢掌握教育专业的相关知识和技能，并通过教育实践使自身的职业素养得到逐步提升，最终成为专业教师的过程。在教育活动中，教师作为核心角色是绝不能忽视的存在，教师个人素质的高低对教育质量有至关重要的影响。因此，要想提高教育质量，就必须建立专业化的教师队伍，这样才能满足时代发展的需求。

在21世纪信息化时代和知识经济社会背景下，社会对教师的期望日益提高。在这种情况下，教师需要提高自身的职业素养，使自己更具专业性。在教育教学中，现代教育技术的应用越来越普及，其在促进教师职业发展上发挥的作用也越来越大。

1. 为不同地域的教师提供交流机会

教师间的交流是促进教师自身职业发展的重要渠道，现代教育技术打破了地理限制，让不同地域的教师能够互相交流，从而在更广泛的范围内提升自己的能力。

2. 为教师提供专业学习资源

在教师的职业发展中，不断学习是必不可少的。教师应用现代教育技术，在查找专业教学资源时更加便利。例如，类似 MOOC 的平台为教师提供了很多专业知识，使教师专业化学习变得更加便利。

3. 为教师的教学研究提供方法和工具

教师职业发展鼓励教师成为研究型教师。发现、分析、解决教学问题是研究型教师的核心技能，现代教育技术为研究型教师提供了有效的研究工具、手段和方法。[①]

### （三）推动教育均衡发展

随着现代教育技术的进步，线上教育逐渐普及，它突破了教育在空间上的限制，极大地促进了教育的均衡发展。具体来说，在促进教育均衡发展上，现代教育技术主要在以下两个方面起到了推动作用。

1. 促进教育资源共享

在传统教学模式中，学习者所接触的教育资源往往是本地的教育资源。尽管他们可以通过购买的方式获得其他地区的教育资源，但是所能购买到的资源通常是有限的，而且需要付出较高的成本。然而，随着现代教育技术的发展，学习者可以借助网络教育平台以及现代远程教育中心获取各个地区的优质教育资源，这对于提高教育质量大有助益。

2. 促使教育机会均衡

现代教育理念注重教育的公平性。公平性除了体现在学校教育中，还体现在对所有教育对象的教育中。作为重要的教育场所，学校有着丰富的教育资源，

---

① 刘军，黄威荣 . 现代教育技术 [M]. 北京：北京师范大学出版社，2010：8.

在校学生可以在学校接受良好的教育。然而，对于那些学校之外的人，如没有考上大学的人，他们要想接受学校教育就比较困难了。有了现代教育技术以后，这些学校之外的人也可以通过各种网络学习平台获得教育机会，而不用考虑空间及时间上的限制。这对于实现教育均衡具有良好的推动作用。

### （四）促进学生学习与发展

#### 1. 运用现代教育技术可以激发学生的学习兴趣

在大学数学课堂上应用现代教育技术，以多媒体教学为主，使教师从依赖传统教学方法（如黑板、粉笔等）向应用现代教育技术转变。过去，教师需要花费大量时间讲解抽象和学生难以理解的内容，而学生仍然难以理解或觉得无趣。而多媒体课件更加形象且具体，学生理解课件的内容更加容易。

#### 2. 运用现代教育技术可以培养学生的自学能力

随着现代教育技术的发展，一种依赖学生与多元化学习资源互动的教学模式应运而生，即资源型教学模式。该教学模式强调教师作为指导者和参与者，提供丰富的资源和媒体，而信息的获取则取决于学生的主动探索。在教师的引导下，学生能够轻松地获取所需信息和知识，迅速解决疑惑。这种方式打破了过去“教科书为唯一来源”的局限，使得教师不再是信息的唯一提供者，甚至可能在某些方面落后于学生。这有助于培养学生发现问题、分析问题和解决问题的能力，提高他们的适应性和应对社会生活的能力。因此，现代教育技术的应用促使学生更加自主地安排时间，自发地进行学习。

#### 3. 运用现代教育技术可以使学生有更多获取知识的途径

传统教育评估方法多关注知识的积累，较少强调知识获取途径的重要性；更看重科学原理的成果，而非其应用价值；更关注评价结果，而忽视过程体验。这导致许多学生养成了固定的学习习惯，缺乏适应性。然而，现代教育技术与课程融合的关键在于体现人本教育观念，将学生的需求和发展置于核心地位。基于这种教育理念，课程内容融合应着重培养学生的信息素养，使他们明确信息的定义与意义，清楚如何寻找和处理信息，等等。这种方法契合现代教育的宗旨——全方位培养学生运用所学知识的综合能力。

4. 现代教育技术可以促进学生能力的全面提升

现代教育技术课程融合了理论知识和实际技能，有助于培养学生的逻辑思维能力和实践操作能力。在学习过程中，学生需协同运用手、眼、心、脑，达到高度集中的状态，从而提高大脑活力。通过动手操作和探索各种应用功能，学生容易获得成就感，可以更好地激发求知欲望，并培育积极进取、自主探索的能力。此外，因为计算机具有高度自动化、程序化的特点，一旦出现疏忽，便可能出现严重的错误，所以要求学生在操作过程中具备严谨的科学态度，这对于培养学生的谨慎性格也十分有利。总之，现代教育技术课程有助于提升学生的综合能力。

## 第二节　现代教育技术与大学数学教学的整合

### 一、教育技术与大学数学教学整合的发展阶段

20 世纪 90 年代中期至今，人们在对现代教育技术与大学数学教学融合的理论和实践研究中对于它们之间的内涵和本质有了更加深入的了解。根据现代教育技术与大学数学教学整合的不同层次和深度，我们可以将其分为以下三个阶段：第一阶段，封闭的、以知识为核心的教学整合阶段；第二阶段，开放的、以资源为核心的教学整合阶段；第三阶段，全方位的教学整合阶段。在这些不同阶段中，现代教育技术投入和学生学习投入之间是存在差异的。

#### （一）封闭的、以知识为核心的教学整合阶段

在此阶段，整个教学过程以知识为核心展开，相比传统的课堂教学，其在教学目标、内容、形式以及组织上都是相差无几的。教学过程仍然以教师的讲授为主，学生则扮演被动的接受者和知识的接收对象。现代教育技术的应用仅在减轻教师教学负担方面有所成效，但对于学生思维和能力的发展，相较传统方式并无实质性的提升。根据学生投入程度以及教学对现代教育技术的依赖程度，可以将这一阶段细分为三个层次。

1. 教育技术作为演示工具

教育技术作为演示工具是现代教育技术在数学教育中的早期应用阶段，是现代教育技术与大学数学教学融合的初级阶段。在这个阶段，教师利用现有的计算机教学软件或者多媒体资源库，筛选合适的内容用于授课。教师可以运用PowerPoint或其他多媒体工具，整合各种教学资源，编制清晰的演示文稿及课件，以直观的方式呈现学生难以理解的内容，或利用图形、动画等展示动态变化过程和理论模型。此外，教师还可通过模拟软件或计算机连接的传感器展示实验现象，这样的方式更有利于学生对所学知识的理解。因此，经过合理的设计和选择以后，计算机取代了传统的幻灯片、投影仪、粉笔和黑板等教学媒体，展现出原来无法达成的教育效果。

2. 现代教育技术作为交流工具

在教学中，人与人的沟通对于教育具有重要影响。将现代教育技术融入数学课程，通过提供师生间、学生间的互动机会，无论是在课堂内还是在课堂外，都能加强师生关系、提高学生的学习兴趣和参与度。

现代教育技术是人与人沟通交流的辅助手段，将其作为数学教学的辅助工具主要是为了促进师生间的情感互动。为实现这个目标，教师不需要复杂的现代教育技术，仅需在互联网或局域网环境中使用简易的论坛、聊天室等工具。教师可以基于数学课程需求或学生兴趣设立相应的论坛、聊天室，使学生在课后能够就课程形式、教师教学方法、待解决问题等进行深入讨论。在这个层次，教学策略仍然以讲授为主，学生则通过完成课下作业的方式完成学习任务。另外，评价方式也和原有阶段类似，教师和学生的角色基本保持不变。然而，在此情境下，教师需要对互动进行组织和管理，以使学生的情感和学习兴趣得到激发，从而使他们对学习产生更高的积极性。

3. 现代教育技术作为个性化指导工具

随着计算机软件技术的突飞猛进，各类实践应用软件和计算机辅助测试软件大量涌现，帮助学生在练习和测试环节加强对所学知识的理解和掌握，从而实现针对个体差异的指导教学。在这一层次，计算机软件在某种程度上替代了教师的部分职能，如出题、评分等。所以，如今的教学对于现代教育技术的依赖度是比较高的。另外，如今的教学能够更多地关注学生的个体差异，使学生的学习兴趣得到提升。应用的现代教育技术主要包括个性化辅导软件和师生沟通工具。

针对不同的学习内容和目标，学习者可以从个性化辅导软件中获取各种不同的交互方式。这些软件展现了利用计算机进行学习的交互方式，包括练习与实践、对话、测试、游戏等。

在这一阶段，采用的教学策略主要包括个性化指导教学、个体化学习等，最终评价仍以测试为主。尽管教学仍是封闭式的，将知识作为核心，但是学生有机会接触好的软件，对学习充满积极性，在学习过程中遇到难题时可以随时向老师或者同学请教。这样在学生遇到问题时，现代教育技术能够及时帮助学生跨越难关。

### （二）开放的、以资源为核心的教学整合阶段

在现代教育技术与大学数学教学整合的第一阶段，主要采用的是封闭式的教学方式，侧重于个体化学习和讲授。然而，第二阶段则带来了教学观念、指导思想、教师和学生角色等方面的重大变革。教师开始关注学生对知识的意义构建，教学设计从以知识为中心向以资源和学生为中心转变。在这一阶段，教学资源变得开放，学生在学习特定学科知识的同时，可以获取其他学科的相关知识。学生在掌握丰富资源的基础上培养各种技能，成为学习的主导者，而教师则扮演着学生学习的指导者、助手和组织者的角色。根据从低到高的学生能力培养顺序，这一阶段可以细分为四个层面，各层面分别关注学生不同能力的培养，具体包括信息获取、分析与处理能力，团队协作能力，以及探索和创新能力。

#### 1. 现代教育技术助力创设资源丰富的学习环境

在信息化社会背景下，新型人才需具备良好的信息能力，即对信息进行获取、分析和处理的能力。借助现代教育技术创设资源丰富的学习环境，有助于突破传统的将书本作为主要知识来源的限制，运用各类相关资源为原本封闭的课堂教学注入活力，从而大幅度拓展大学数学教学内容，引导学生拓宽视野，汲取多元思想。

这个阶段重点培养学生获取和分析信息的能力，使学生能够在筛选众多信

息的过程中全面了解事物。教师可提前整理好所需资源，并将其存放在内部网站或者特定文件夹中，这样一来，学生在访问网站进行有用信息挑选的时候就更加方便了；另外，教师可以为学生提供相关人物、搜索引擎等参考信息，引导学生学会使用互联网或资源库去查找自己所需的素材。相比之下，后一种方法更有助于培养学生获取和分析信息的能力。然而，受现实环境中网络速度慢、学生信息处理能力低等各种因素的影响，也可采取前一种方式，但需教师提供更多的资源，以便学生有条件进行信息筛选。这一阶段为后续各阶段教学奠定基础。

2. 现代教育技术作为信息加工工具

在信息社会背景下，学生需要掌握寻找合适资源的技巧，从而为日后的创新和发明创造条件。继前一阶段以培养学生获取与分析信息能力为主，本阶段主要关注的是提升学生分析和处理信息的技巧，强调学生在迅速提取海量信息的同时，对信息进行整理、重塑和再利用。在此阶段的教学中，教师专注于提高学生的信息处理技能和思维表达的流畅性，以促使学生充分吸收和运用大量知识。在教学过程中，教师应密切关注学生信息处理的整个过程，并在他们遇到困难时给予及时的指导与支持。

3. 现代教育技术作为协作工具

相较于个别化学习，协作学习有助于提高学生的高级认知能力，促进学生协作意识、能力和技巧、责任感等素质的提升，所以深受教育工作者的关注。然而，传统大学数学课堂在人数、教学内容等因素的影响下常使教师无法充分实施协作学习。而计算机网络技术则为协作式学习带来了强大的技术支持，使得协作范围得到大大拓宽，也减少了非必要的精力消耗。在以网络为基础的协作学习中，有四种基本的协作模式：竞争、协同、伙伴以及角色扮演。协作学习的类型不同，其对于技术的要求程度也不一样。

竞争指的是两个及以上的学生在同一学习主题或场景下通过互联网争相完成学习任务，目标是最快达成教学目标。这种方式不仅可以提升学生的能力，还能培养他们的竞争意识。网络协作学习的竞赛模式通常由学习平台先设定一个问题或目标，并提供相关信息帮助学生解决问题或实现目标。在开始学习的时候，学生需要从在线学习者名单中挑选一位对手，也可选择计算机作为竞争对手，然后达成竞争协议，再独立进行学习。在学习过程中，学生可以查看对手及自己的状态，然后根据双方状态对学习策略进行调整。一般情况下，这种竞争活动需要较高智能的网络教学软件的支持。

协同指的是许多学生一起完成特定的学习任务。在此过程中，每个学生都能展现他们独特的认知特点，互相讨论、协助、提醒或分工协作。在与其他学生紧密沟通和合作的过程中，学生对学习主题的深入理解逐渐形成。合作式学习依赖视频会议、聊天室、留言板等网络工具。

伙伴指在网上找到类似现实生活中的学习搭档，通过合作共同发展。另一种方式是让智能计算机充当伙伴，与学生互动、共同学习，并在需要时提供指导。

角色扮演指学生在网络技术创建的类似现实或历史的背景下，扮演某个角色并在角色扮演中互相学习。这通常需要多功能聊天室这样实时交互的网络工具。

在这些学习模式中，网络技术对学习和教学起着关键支持作用，学生在大部分时间里全身心地投入学习。

4. 现代教育技术作为研发工具

尽管强调对信息处理、对协同技能的发展，但教育的核心目标仍是培养学生的探究精神、独立发现问题以及解决问题的能力，还有学生的创新思维。为实现这些目标，在教学过程中，现代教育技术扮演着“创意驱动器”的角色。

大量实用型的教学软件为此类教学和学习提供了良好的支持。例如，几何画板为学生提供了实践和探索的机会；遇到问题时，学生可通过思考、协作和推理，运用几何画板进行验证。将教育技术视为创意驱动器的教学模式，如探究式教学和问题解决式教学，也已经取得了不错的成果。然而，如何进一步发挥现代教育技术的潜能，设计出能更有效地培养学生创新思维的教学方法，仍需要教育工作者努力探究。

### （三）全方位的教学整合阶段

前两个阶段的七个层次尽管有明显差别，但它们都未能实现教学内容、教学目标以及教学组织架构的全方位改革与数字化。在目前广泛应用这七个层次并取得显著成果的同时，教育理念和学习理论也在不断发展和完善。因此，在教学应用中，当现代教育技术得到更加系统和科学的研究和深化，势必会促使教育实现一次重大转型。这种转型将引发教学目标、教育内容以及教学组织架构的革新，整个教学过程也会实现数字化，进而让现代教育技术与教育各环节紧密相连，最终使课程改革以及现代教育技术向更高的境界迈进。

1. 教学内容改革

将现代教育技术应用于大学数学课程，对传统的教学材料产生了深远的影响：强调内在联系、基础理论和现实世界关联的教学材料逐渐成为重点，而偏离实际应用、过度简化的知识传授和技能培养则被视为多余和阻碍。

此外，数学教学材料的呈现形式也经历了重大变革，从以往的文字和线性结构发展成了多媒体和超链接结构。借助多媒体技术，特别是超媒体技术，可以进行更加结构化、动态化以及形象化的教学材料展示。这使得学生在学习过程中可以轻松地在各个相关知识点和资源之间跳转。如今，很多教科书和参考书籍都实现了多媒体化，它们除了具备传统的文字和图形等元素外，还包括音频、动画、视频等三维场景，使呈现出来的教学材料更加丰富、生动。

2. 教学目标改革

数字时代催生了大学数学教学目标的全新构想。原因在于，数字时代数学教学的目标具有创新的内涵。①为社会做贡献。要在数字时代发挥自身价值，就要掌握一系列新兴技能，尤其是知识运用技巧。②挖掘个人潜能。计算机等知识工具极大地提高了学习、工作和休闲生活的品质。③承担公民义务。电子媒体和互联网为人们带来了更便捷的信息获取途径，使人们接触问题、事实、观点和交流的能力得到极大提高。然而，要甄别和筛选大量信息，需要人们更加重视运用批判性思维，对信息进行正确评估和判断，并进行正确的信息选择。④实现多元文化共融。善于分析多元文化的差异和共性，以包容心态推动多元文化共融，走向社会大同。

在大学数学教学中，教学目标摆脱了“知识中心”的限制，转向知识性、智能性、教育性目标的融合，从仅关注认知领域目标，拓展至多层面的目标，如技能目标、学习策略目标、情感目标、德育目标等。这种开放性目标的适应性很强，可以成为连接学科教育、社会教育和学生个性发展的桥梁，体现全面发展素质教育的目标要求。在新一轮课程变革、考试变革和教育变革中，掌握吸收、筛选、处理信息的能力成为数学教学的关键目标。借助信息技术和手段，拓宽学生的视野，开拓信息获取途径，提高课堂教学效能，已经成为当下的迫切需求。

3. 教学组织架构改革

伴随着教学内容及目标的改革，教学组织架构和形式也经历了适当的调整。教学目标会以真实问题作为学习的中心，因此，教学必须突破传统的时间和空间的限制，即学生在教室里聆听讲座。教学需要以项目和问题为核心，对学习的时间和空间进行全新设计和规划。在教学组织形式上，如活动安排和分组方式，也需要摒弃传统的按能力同质分组方式，采用异质分组策略。

## 二、现代教育技术与大学数学教学整合的价值

广泛应用现代教育技术，可以推动教育理念的创新和转变。但现代教育技术能否有效促进教育目标的达成，更多取决于人的素质。要充分发挥现代教育技术的价值，必须将其真正融入教育体系。只有在“思想和创新”教育理念的指导下，教育才能体现人的价值。因此，教师在将现代教育技术与数学教学紧密整合时，应树立正确的思想理念，如终身学习理念和开放互动理念，并将其贯彻教学实践的始终。

现代教育技术和数学教学的整合，需要教育观念的转变作为重要前提。在传统教学模式中，现代教育技术只被看作信息的提供者，缺少与其他学科的融合。在教学改革中，教师需要跟上社会发展的步伐，不仅要持续更新数学知识，而且要有效地融入现代教育技术，促进教学和学习效率的提升。如何在传统教学模式中融入现代教育技术，使教学效率最大化，这是教师需要探讨的问题。

在黑板和屏幕之间应该如何权衡？如果仅仅将计算机视为高端幻灯机，则会浪费资源，同时带来学习问题。数学知识具有很强的逻辑性，使用黑板可以让学生前后联系，有更多思考的空间。但是，使用 PPT 则可能导致学生还没有完全记住就跳到下一步，无法真正理解所学内容，影响课堂效果。因此，教师可以根据课程内容和学生讨论的情况，对整个问题的分析过程进行板书，并不断增加和改变相关内容。这样可以给学生留出时间和空间来思考问题，远远优于计算机屏幕上的简单视图。

将现代教育技术应用于数学教学是为了让两者更好地融为一体，就像黑板和粉笔在传统教学中的自然配合一样。现代教育技术在课堂教学中的作用是辅助学生学习复杂的数学知识。教师应该考虑到课程内容，评估学生的实际学习情况，并合理组织课程，最大化地整合课堂教学和现代教育技术，将其转化为学生的学习资源。现代教育技术为信息获取、问题调查和解决提供了必不可少的认知工具支持。因此，现代教育技术和数学教育的整合不仅可以为学生拓展学习内容，还能促进学生知识体系的建立和知识内容的构建。现代教育技术与大学数学教学整合的价值主要体现在以下几个方面。

### （一）提供理想的教学环境

现代教育技术为大学数学教学创造了一个互动、开放、动态的学习环境。学习环境不再局限于学校建筑、教室、图书馆、实验室和家庭学习领域，而是涵盖了学习资源、课程模式、教学策略、学习氛围和人际关系等方面。在这样的理想教学环境中，学生可以动态地完成课程知识的学习和消化。现代教育技术将多媒体、网络和智能相结合，为学生提供了更加丰富多样的学习资源和课程模式。学生可以根据自己的学习进度和兴趣，选择适合自己的学习路径和学习方式，实现学习的个性化和差异化。同时，教师可以利用现代教育技术，设计多元化的教学策略，提高课堂互动和学生参与度，促进学生积极思考提升学习效果。

### （二）提供理想的操作平台

现代教育技术在数学教学中的应用，为教师提供了更丰富、多元的教学信息和呈现形式，如文本、声音、图形、视频、动画等。这种技术能够打破传统教材的束缚，使教材和教学内容更加多样化，同时为学生提供更具体、更动态的学习体验。现代教育技术的虚拟功能可以帮助学生进入微观世界和宏观领域，实现对知识的深入理解。此外，现代教育技术的多元化应用，可以刺激学生的各种感官，激发学生的学习兴趣，帮助学生更好地掌握和应用知识。

现代教育技术还具备强大的互动功能，能够实现“人—机—人”的相互交流和互动学习，促进人际互动。同时，先进的超文本功能可以更加优化现代教育技术，展现大量信息。现代教育技术的应用也有助于创设多元化的学习情境，帮助学生更好地理解和应用所学知识。总之，现代教育技术的广泛应用，有助于推动数学教学的创新和进步，让数学建模不再只存在于意识领域，而是成为现实可感的成果。

### （三）更好地实现教学的互动与合作

教学是教师和学生之间的相互作用过程，构成了一个复杂的教育生态系统。要达成教学目标，需要教师和学生之间的密切合作。现代教育技术在大学数学课堂中的应用，为促进教学互动和合作提供了必不可少的支持。在这种情况下，教师和学生都是信息的接收者和传播者，这种双重身份使得他们能够建立相互激励和指导的关系。

### （四）有利于学习形式的个性化

现代教育技术的应用可以促进学生采取个性化的学习方式。在信息化校园中，教师、课堂和教材等元素都可以被看作变量，学生可以根据自己的学力、兴趣和需求自主选择学习目标、学习内容、学习进度，并进行自我评价。这种个性化学习方式最大化地满足了学生的需求和意愿，为学生主体性的发展提供了全新而便利的途径。

### （五）激发学生数学兴趣，引导学生积极思维

激发学生对数学学习的兴趣是一项重要的任务，因为相对于其他学科，数学更加抽象和枯燥，导致学生对数学较反感。兴趣是人们选择性认识和参与某种事物的心理倾向，也是学生主动获取知识、形成技能的动力之一。现代计算机多媒体技术通过文字、图像、声音、动画等形式的感染力，能够迅速吸引学生的注意力，激发学生对数学的学习兴趣和需求，进而使其主动参与学习活动。激发学生的学习热情是教学成功的关键之一，而信息技术的运用可以更富有表现力和感染力，引导学生积极思维，快速高效地获取知识。利用信息技术辅助教学的课件不仅可以传达教学内容，而且有利于调节课堂氛围，创设学习情境，激发学生学习数学的兴趣。

## 三、现代教育技术与大学数学教学整合的原则

为了防止现代教育技术与大学数学教学之间的脱节现象，教师应该将现代教育技术融入大学数学教学的目标、内容、资源、结构、评价等各个方面。大学数学教学改革应建立在现代教育技术的基础上，同时现代教育技术应致力于满足数学教学的需求。因此，现代教育技术与大学数学教学的整合过程需要遵循以下原则。

### （一）理论与实践相结合的原则

新的课程理念强调教师是课程资源的开发者，但目前现代教育技术与数学教学整合的研究还需要深入。教育理论工作者对现代教学手段的研究过于表面，现代教育技术工作者的研究则限于纯技术范围，而教学实践中缺少理论指导和实际操作技巧的教师的教学行为可能会显得浅层次和形式化。作为数学教学的承担者，教师是实现理论与实践相结合的重要角色，应该站在教学最前沿，拥有最真实和最直接的实践经验。教师需要加强对数学理论和现代教育技术的学习研究，同时结合数学学科的特点，在教学实践中探索最佳的理论和实践结合点，灵活使用现代教育技术，实现现代教育与大学数学教学最佳的整合效果。

### （二）研究性学习原则

将现代教育技术与大学数学课程相整合应体现研究性学习的原则。这种方法注重使用现代教育技术展示数学知识的生成和发展过程，强调学生对数学知识的探索、应用和迁移，目的在于让学生始终处于自主、动态的发现问题、用数学的方式提出问题、探索解决方法、解决问题的过程中，以此来推动数学学习的发展。

### （三）学生主体性原则

从教育的本质上讲，现代教育技术的运用应致力于满足教学需求并实现教学目标。教师需要深刻理解，技术的发展和普及虽然重要，但无法替代人与人之间的真实互动和沟通。即便是高效的现代教育技术手段，也无法完全取代教

师与学生之间的实际互动。将现代教育技术融入数学教学实践，有助于激发学生的学习兴趣，并为学生的主动探究与发现创造一个良好的学习环境。然而，所有教学活动都应关注学生的主体地位，把学生作为教学的核心。特别是在现代教育改革中，发展学生的主体性和使学生成为课堂学习的主人是关键。因此，大学数学课堂教学应关注激发学生探索研究的兴趣和提高学生主观能动性的教育过程，将学生主体性原则贯穿教学全过程。如果过分依赖现代教育技术填满教学过程，虽然看起来热闹，但实际上学生处于被动的学习状态。这种情况下，学生的学习效率自然会受到不好的影响。

#### （四）教师主导性原则

现代教育技术在大学数学课堂中的应用，使教师能够轻松地呈现教学内容，但是这种教学方式也存在缺陷：教师演示的内容是预设好的，难以将学生的想法引入既定的教学过程。

现代教育技术不能取代教师的地位，课堂上教师的激励、指导、培训和反馈等是不可替代的，但现代教育技术可以在一定程度上取代教师复杂烦琐的工作，提高教学效率，让教师有更多的时间和精力处理其他教学事务，特别是以学生的个性化发展为核心，发掘学生的学习潜力。但是，现代教育技术的使用应定位为“支持”，教师应该发挥主导作用，根据学生的实际情况相应地发挥学生的作用，不能在课程准备中只依赖软件备课，也不能只依赖屏幕教学来完成教学任务。

### 四、现代教育技术与大学数学教学整合的策略

整合现代教育技术与大学数学教学是数学教学的一次创新，为了确保这次创新顺利实施，在整合过程中，需要关注下面的几项策略。

#### （一）从深层次整合现代教育技术与大学数学课程

引入现代教育技术会对数学教学的内容和模式进行改变。这种改变的深度和程度取决于教师的观念和态度。一些教师可能仅认为现代教育技术是一种在课堂教学中呈现知识的工具，这种肤浅的整合只是将黑板和白板替换成了屏幕。

然而，现代教育技术的引入并不仅仅是为了增加一种工具，而是为了更好地实现教学目标。如果教师仅仅知道如何使用技术，而没有将其融入数学教学的思想和方法，那么这种整合就是肤浅的。

整合的深度取决于教师对数学教育思想和方法的理解，而不是技术的熟练程度。如果教师把大量的时间和精力花费在制作图像精美的课件上，而忽略了数学思想和方法的教育和传授，那么这种整合就是表面化的。数学教育不应仅仅是教授公式和符号，而应该是教授逻辑思考方法的过程。因此，在现代教育技术和数学课程的整合过程中，深层次的整合应该以思想和方法为重点，而不仅仅是技术的整合。这种深层次的整合必须以具体的数学问题为基础，并进一步引导学生利用数学思想和方法进行探究、实验和解决问题，从而掌握数学知识的基本方法和步骤，学会在现代教育技术的支持下用数学思想和方法进行思考并解决问题。这样的整合方式可以使教学更有意义，同时提高学生的数学素养和实践能力，使学生在数学学习中更有自信。

### （二）加强现代教育技术和教育理论的培训

强化教师的现代教育技术培训和相关教育理论知识是实现现代教育技术与大学数学教学整合的基础。现代教育技术是物化技术和智能技术的结合，要实现现代教育技术与大学数学教学的深度整合，需要为教师提供和教育理论相关的现代教育技术方面的培训。只有加强教师对现代教育技术的理解和应用能力，才能使他们在数学教学中真正将现代教育技术与教学内容、教学方法、教学资源和教学评价有机地结合起来。只有这样，才能够为学生营造出更加优质、高效的数学学习环境，提升他们的数学学习成效和自主学习能力。

### （三）根据不同的学习内容选择不同的媒体

为了实现教学过程的最优化，更好地完成教学任务，提高教学质量和效率，现代教育技术应与大学数学教学整合。然而，选择何种媒体才能最大限度地激发学生的学习兴趣、恰到好处地解决难点和疑点，需要从数学教学内容出发，根据学生原有的认知基础和心理发展特点，根据不同学生的需要，对各种媒体进行比较、筛选，选出最佳媒体。如果脱离具体教学内容，一味追求新颖和多样，反而会影响数学教学质量。

因此，针对不同的教学内容和教学目标，教师可以灵活选择使用不同的教学媒体来达到最佳效果。例如，当教学内容相对固定且不需要连续性展示时，可以使用视频投影来呈现内容；当教学内容需要连续性展示时，可以选择录像；当教学内容较为复杂、抽象、变化和相互关联时，使用多媒体课件来展示可能更加合适；如果进行研究性学习，可以使用网络作为媒介来提供资源和支持。重要的是，在选择教学媒体时，需要根据具体的教学内容和学生的认知水平、学习习惯等因素进行综合考虑，以达到最佳教学效果。

### （四）“现代型”教师与“传统型”教师互相整合

并不是所有数学教师都必须发展现代教育技术与大学数学课程整合的能力。掌握现代方法、信息技术需要一个比较长的过程，仅为解决一个小问题而付出大量时间和精力，得不偿失。因此，要求所有教师都上多媒体课程，向年长的教师施加不必要的压力是不妥当的。每位教师都有自己的优势和擅长的领域，鼓励他们在自己的优势范围内教学，只要教学效果好即可。当然，更好的做法是将“现代型”教师的现代教育技术优势与“传统型”教师扎实的数学教学功底结合起来，相互补充，实现信息技术与数学课程的深层次整合。这样可以使每一位教师的作用都能最大限度地发挥出来，取得最佳的教育效果。

现代教育技术与课程整合是一项庞大的工程，需要逐步实现。教师要意识到，现代教育技术与课程整合不是一种固定的模式，而是一种教育理念。现代教育技术可以是一个有用的工具和助手，但不能完全取代教师的位置，不能成为教学的全部。教师应该善于把握课程内容的重点，使用最适当、最有效的方式来传授知识。其实，使用最常见的 Word 和 PowerPoint 等工具就能够做出非常有效的课件，达到预期的学习效果。总而言之，在数学教学中应合理运用现代教育技术，不应过度追求技术的高端与新颖，要根据教育教学和学生的学习背景选择合适的技术手段。同时，教师需要不断完善自身综合素质，实现教学和现代教育技术的优势互补，从而增强数学教学的活力和吸引力。

# 第三节　现代教育技术在大学数学教学中的应用

## 一、现代教育技术用于大学数学 CAI 课件的制作

在大学数学教学领域中，现代教育技术的核心应用主要集中在计算机辅助教学（CAI）课件上。接下来简要介绍 CAI 课件的基本概念和特点，并对其设计和制作过程进行详细探讨和分析。

### （一）CAI 课件的概念

CAI 课件是一种利用现代多媒体信息技术实现教学功能的教学系统，包括教学内容、呈现形式以及教学目标等。它基于 Word、PPT、投影仪、录音机、SWF 动画等多种多媒体信息技术，综合运用各种手段实现教学。CAI 课件具有以下特点。

（1）丰富的表现力。CAI 课件可以自然逼真地表现多姿多彩的视听世界，对宏观和微观事物进行模拟，生动直观地呈现抽象、无形的事物，以及简化复杂过程，等等。这使得原本枯燥的教学活动充满了魅力。

（2）良好的交互性。CAI 课件不仅在内容学习上具有良好的交互控制，而且任课教师可以运用适当的教学策略来指导学生学习，实现因材施教的个别化教学。

（3）极大的共享性。随着网络技术的发展和信息自由传输，以网络为载体的 CAI 课件能够实现教学资源的共享，从而使教育在全世界范围内交互和共享成为可能。

### （二）大学数学 CAI 课件的设计原则

数学 CAI 课件的目标是运用多媒体技术对数学教学内容进行全面整合，通过文本、声音、场景、图像、动画等多种元素的综合运用来引导教学过程。因此，在 CAI 课件设计与制作中，教师不仅要关注技术方面的因素，还要强调数学的独特性。为了设计出真正以学生为中心、因材施教的数学 CAI 课件，教师需要

遵循以下几条设计原则。

1. 科学性与实用性相结合原则

数学 CAI 课件设计应具备科学性，从而确保课件内容的准确性、合理性和规范性。这主要表现在以下方面：内容准确无误、逻辑清晰，并且和数学课程标准相符；要准确地表述问题，在资料的引用上要规范；情境设置要合理，不能过于矫情，也不要哗众取宠；在素材的选择、专业术语和操作示范等方面都要按照相关规定去做。

此外，课件设计的实用性也至关重要，需要充分考虑教师、学生和数学教材的实际需求。这具体体现在以下方面：性能具有通用性和易于理解，无须过多专业技术支持；使用方便、快捷、灵活且可靠，易于教师和学生操作与控制；具备较强的容错和纠错能力，允许评估和修改；具有良好的兼容性，便于信息展示、传输和处理。

设计数学 CAI 课件应遵循科学性与实用性相结合的原则。这意味着课件不仅要具备优良的技术性能、准确的内容和丰富的思想性，还要简洁实用，符合数学教学活动的基本规律和原则。一个优秀的数学 CAI 课件应具备清晰的界面、醒目的文字、适中的音量和动静合适的表现，以及适度的进程速度和适当的难度，以满足学生的认知等需求。

2. 具体与抽象相结合原则

数学学习的核心在于理解和应用各种概念、定理、法则和公式。这些知识通常具有较高的抽象性和概括性，这也是学生觉得数学难学的原因之一。为了解决这一问题，将抽象的数学内容通过计算机技术转化为实例、模型和直观演示等具体形式是一种行之有效的方法。该方法能使学生更容易理解，并达到最佳的教学效果。设计数学 CAI 课件应根据需求将抽象的数学内容转化为具体的表现形式。例如，使用几何画板软件绘制初等函数及其复合函数的图形，学生可以通过观察图形变化和图形前后关系来探讨函数性质，从而加深学生对相关知识的理解。此外，利用实际示例、案例和问题等将数学概念具体化，有助于学生更好地理解和应用这些知识。

因此，将具体与抽象相结合，让学生在实践中感受和理解数学概念的抽象性，是数学 CAI 课件设计的重要原则，能有效提高数学学习效果。

3. 数值与图形相结合原则

数学CAI课件的制作平台不仅具备强大的数值测量和计算功能，还提供了出色的绘图工具，教师可以充分利用平台提供的这两部分功能，将数学的抽象理论与具体的几何图形相结合。这种方法有助于学生更加直观地理解数学概念和定理，提高数学素养和能力。因此，大学数学教师在设计CAI课件时，应注重将数和式子与几何图形相结合，从而将数形结合这一重要的数学思想直观地体现在数学CAI课件中。通过这种方式，教师可以帮助学生更好地掌握数学知识，提高他们的数学应用能力和解决问题的能力。

4. 归纳实验与演绎思维相结合原则

数学既具有演绎推理的严谨性，也具有归纳探究的灵活性。因此，在设计数学CAI课件时，需要遵循数学归纳实验与演绎思维相结合的原则。CAI的优势在于可以为学生提供真实或模拟真实的数学实验情境，使抽象、静态的数学知识形象化、动态化，使学生通过“做数学”来学习数学、探索规律、提出猜想、归纳总结，从而深化对数学的认识。然而，在设计CAI课件时，还需要注意不让数学探索实验活动变得过于浅层化或者过于游戏化。相反，应该将活动引导到更深层次的思维探究上，将归纳和演绎两种思维内在地融合在一起。只有这样，CAI的优越性才能真正体现出来。

5. 数学性与艺术性相结合原则

在设计数学CAI课件时，应该追求一定的艺术性，但不能只追求形式的美感，还要注重数学的严谨性和准确性。课件中的图像应该结构对称、色彩柔和、搭配合理，让师生能够感受到美。然而，对于数学教学中的图形动画，重点在于尊重数学内容的严谨性和准确性，即数学性。这意味着，图形的变换必须是准确测算的结果。而艺术加工不能使数学的准确性和严谨性丢失，应该以不失去数学的严谨性、准确性为前提进行。此外，在表述数学的概念、定理、法则及解题过程时，应该力求简洁、精练，符合数学语言和符号的使用习惯，达到数学学科特性和艺术性的融合统一。

### （三）大学数学CAI课件的制作工具

常用的数学CAI课件制作工具有Logo、PowerPoint、Mathematica、

Macromedia、Matlab、几何画板等。下面对其进行简要介绍。

1. Logo

Logo是一种程序设计语言，也是建构主义教育哲学的产物，旨在支持学生的建设性学习。它与自然语言更加接近，具有“起点低、无上限”的特点。作为一种结构化的编程语言，Logo具有以下特点：交互式编程环境，模块化设计，支持过程化编程，包含参数、变量和递归调用等重要概念，具有丰富的数据结构类型、图形处理功能和字表处理功能。Logo不仅是一种语言，更是一种教学工具，通过编写程序，可以帮助学生发展他们的思维和解决问题的能力。

2. PowerPoint

PowerPoint具备高级编程语言的一些特点，这使得将各种图形、图像、音频和视频素材嵌入课件变得简单。因此，PowerPoint制作的多媒体课件可以展示出强大的多媒体功能。PowerPoint制作的多媒体课件通常以幻灯片的形式进行展示，因此，PowerPoint被称为演示文稿制作软件或电子简报制作软件。

3. Mathematica

Mathematica是一个综合性的计算机软件系统，它能进行符号演算、数字计算和图形处理三个方面的操作。该软件具有强大的符号计算功能，能够进行多项式化简、求代数方程（组）的根、求函数的极限、微分和不定积分等操作，并能画出给定函数的二维或三维图形。Mathematica采用交互式的方式，用户只需在键盘上输入表达式，计算机便会快速地计算出结果并在屏幕上显示。在解决应用性问题时，Mathematica提供了方便、快捷的实验和验证方式，使用户能够更加高效地分析问题并得出解决方案。

4. Macromedia

用于制作数学CAI课件的Macromedia系列软件包括Authorware、Director和Flash。Authorware是专门的多媒体课件编写系统，以图标作为基础，以流程图作为结构环境，并具有丰富的函数和程序控制功能，可以直观地呈现文字、图形、图像、声音、动画等效果，能够满足教学需求。Director是二维动画的标准，具有强大的制作功能，能够细致地编排动画和转换效果，同时兼容不同媒体，并可以实现各种特殊效果。不过，它较难学习，不太容易上手。Flash

是一种基于矢量技术的动画制作工具，因占用空间少，支持网络流技术，在网页制作、多媒体制作等方面应用广泛。使用 Flash 制作数学 CAI 课件可以获得流畅的播放效果和出色的交互性，但是其绘图功能可能略有欠缺。

5. Matlab

Matlab 是一个拥有丰富数据类型和结构、面向对象友好、图形可视化快速精良、数学和数据分析资源广泛、应用开发工具丰富的计算机软件系统。自问世以来，Matlab 以其在数值计算领域的卓越表现而闻名。Matlab 处理数值计算的基本单位是复数数组（也称为矩阵），数组维度是按照一定规则自动确定的。这使得 Matlab 程序具有高度的向量化特性，从而使用户可以编写易于阅读和理解的代码。

6. 几何画板

几何画板是一种重要的工具，用于探索几何图形的奥秘。几何的精髓在于研究不变的几何规律，无论几何图形如何变化，这些规律始终存在。例如，无论三角形的位置、大小、形状和方向如何变化，三角形的三条中线都会相交于同一点。在传统的几何教学中，使用常规作图工具（如纸、笔、圆规和直尺）手工绘制的图形都是静态的，难以体现几何规律的动态变化。而目前其他常见的计算机绘图软件也很难便捷地制作动态的几何图形：有些软件只能绘制静态图形，缺乏几何的准确性；有些软件可以制作复杂的动画或三维图形，但使用难度较大，无法满足学科教学的具体要求。因此，几何画板应运而生，它为学生提供了一个直观的、灵活的、动态的几何图形制作工具，可以方便地绘制几何图形，展示几何图形的动态变化，同时体现几何规律。

几何画板具有突出的动态保持几何关系的特点。几何画板绘制的图形可以实现动态效果，用户可以定义动画和移动图形，从而发现变化中保持不变的几何规律。几何画板的核心在于保持给定几何关系的动态性，即中点始终是中点，平行始终是平行。有了这个前提，用户就可以在变化的图形中探究恒定不变的几何规律。几何画板提供了画点、画线和画圆等工具，但更注重数学准确性。例如，线被分为线段、射线和直线，绘制的圆是正圆。几何画板的“作图”菜单提供了常用的尺规图形的快速绘制功能，如绘制平行线，根据圆心和圆周上的点画圆等。几何画板提供了图形变换功能，包括旋转、平移、缩放和反射等，使用户可以根据指定值、计算值或动态值对图形进行变换。此外，几何画板还提供了测量和计算功能，如可以测量线段的长度或角度，并对测量结果进行计算。除此之外，几何画板还拥有坐标系功能，与其他功能相结合，可以方便地绘制各种函数图像，如正弦函数图像、参数方程图像、函数族曲线等，为研究方程、函数和曲线提供了便利。

### （四）大学数学CAI课件的制作步骤

大学数学CAI课件的设计通常需要经历如下几个关键步骤：首先是选择适当的课件主题，接着对所选主题进行针对性的教学设计，然后进行课件系统的整体设计，继而编写具体的课件稿本，最后在完成课件制作之前，还需要进行诊断与测试，以确保课件的质量和有效性。这些步骤相互关联，共同构成了高质量的大学数学CAI课件。下面将分别详细讲述这五个步骤。

1. 选择课件主题

在制作数学CAI课件时，主题的选择非常重要。并不是所有的数学内容都适合使用多媒体技术呈现。因此，在选择主题时，需要考虑以下几个方面：

（1）性价比。制作CAI课件时需要考虑投入与产出的比例。对于一些只需要使用常规教学方法就能很好实现的教学目标，或者使用多媒体技术也并不能体现优越性的教学素材，则没有必要花费大量精力和物力来制作流于形式的CAI课件。

（2）内容与形式的统一。在制作数学CAI课件时，内容与形式的统一非常重要。使用课件的主要目的是提升教学效果，化难为易、化繁为简、化抽象为具体等。因此，在选择课件的内容时要做到三点：一是选取那些常规教学方法难以演示或无法演示的主题，二是选取那些需要借助多媒体技术才能解决的问题，三是选取那些能够借助多媒体技术创设良好的数学实验环境、交互环境、资源环境的内容。总之，在选择课件内容时，要避免出现牵强附会、画蛇添足、华而不实的应付性内容，尽量突出数学教学的本质和优势。

（3）技术特点突出。在选择课件主题时，需要重视多媒体技术工具的特点，并通过图文声像、动静结合等手段来突出课件的教学效果，而不是简单地将黑板搬到大屏幕上，把以往“人灌”式的教学变成“机灌”的窠臼。

2. 设计课件主题

在数学 CAI 课件的制作过程中，设计课件主题是一个至关重要的环节。这一步骤涉及以下几个关键方面：第一，要明确教学目标，确保课件能够帮助学生实现预定的学习效果；第二，需要进行教学任务的细致分析，确保课件内容覆盖所有关键知识点；第三，要对学生的特征进行分析，以便更好地满足不同学生的学习需求；第四，在多媒体信息的选择上要严格把关，确保课件形式多样且具有教育价值；第五，要建立起完善的教学内容知识结构，使课件内容更加有序、系统；第六，需要设计具有针对性的形成性练习，以便学生在学习过程中巩固所学知识。

3. 设计课件系统

数学 CAI 课件系统设计是制作数学课件的核心工作，它会对课件的品质产生直接影响。这个过程可以分为以下几个关键步骤。

（1）课件结构设计。数学 CAI 课件的结构反映了数学教学内容之间的关系以及展示方式。在设计课件结构时，要先列出课件的主要内容，合理规划板块与栏目，接着以内容为依据进行课件结构图的绘制，从而将页面内容的关系进行清楚的描述。

（2）导航策略设计。如今，网络中充斥着大量信息，导航策略旨在防止学生沉迷网络，通过提供引导措施来提升教学效果。导航策略主要涉及以下四个方面。

①检索导航：为用户寻找信息提供方便。

②帮助导航：如果用户在学习过程中遇到了困难，就可以利用“帮助”菜单去解决问题。

③线索导航：系统会保存用户的学习路径，便于用户自由切换。

④导航图导航：以框图形式将超文本网络的结构图展示出来，图中会呈现出各信息节点间的链接。

（3）交互设计。数学 CAI 课件的一个显著特点就是交互性，并且在课件的制作方面要特别关注。通常可以采用下面这四种交互方式。

①问答式交互：通过人机对话形式实现交互，计算机依据用户行为提供相应提示，而用户则根据这些提示做出下一步操作决策。

②图标式交互：使用简练且富有表现力的视觉符号来模拟抽象的数学概念，使交互过程更加直观和生动。

③菜单式交互：将计算机控制划分为不同类别，供用户根据需求选择。

④表格式交互：借助整洁、精确的表格形式将信息变化情况呈现出来。

（4）用户界面设计。课件操作界面展示了制作技能水平，对使用体验产生直接影响。在设计过程中，应多考虑以下几个方面。

①屏幕布局应适应用户的视觉需求，一般元素位置如下：标题位于屏幕上方中央；标志和时间分布在左右上角；主题内容占据屏幕大部分空间，以中央区域为基准展开；功能区和按钮栏置于屏幕底端；菜单栏位于屏幕顶端。

②显示在屏幕上的信息需突出数学教学的焦点、难点和核心。信息展示应富有活力，如采用多种字体和风格修饰文本。防止信息过于繁杂，避免学生注意力分散。

③在颜色搭配和光线运用上，颜色种类应合适，光线应恰当，避免色彩繁杂和光线过于刺眼或昏暗。要关注色彩和光线的敏感度、辨识度，根据不同数学主题进行对比和区分，通常，活动元素及视线中心或前景应更加鲜明、生动，非活动元素及周边区域或背景应相对柔和；要考虑颜色和光线的寓意，以及用户的文化背景和认知程度，对于大学生而言，课件屏幕应倾向于高雅、简练和庄重。

4. 编写课件稿本

制作数学课件需要编写课件稿本，这是数学教学内容的文字描述，也是数学 CAI 课件制作的基础。课件稿本可以分为文字稿本和制作稿本两种形式。文字稿本按照数学教学的思路和要求，对数学教学内容进行描述；制作稿本则是文字稿本编写时使用的蓝本，如同计算机程序编写时的脚本。

5. 诊断与测试课件

为确保数学课件的制作质量，完成后需要进行全面的诊断与测试，包括使用前和使用后的测试，以便进行相应的调整和修正。诊断与测试的主要内容是课件设计的目标以及技术上的要求是否实现，具体包括两方面内容，一是功能诊断与测试，二是效果诊断与测试。功能诊断与测试涵盖数学课件的各项技术功能，包括教学过程的控制功能、教学信息的呈现功能等。而效果诊断与测试则评估数学课件的总体教学效果，以及是否能够完成教学目标。以下是数学CAI课件的诊断与测试评价标准。

（1）内容：评估课件中的文字、符号、公式、图表等数学知识表达的准确性，概念和规律的描述是否得当，难度是否合适，问题设置是否充分考虑学生的发展水平，以及课件的教育价值，等等。

（2）教学质量：评估数学教学过程中逻辑推进是否合理，信息组织和搭配的有效性，多媒体应用是否恰当，课件能否有效激发学生兴趣和创造力，问题情境设置是否具有启发和引导作用，以及对学生回答的反馈效果如何等。

（3）技术质量：评估操作界面的菜单、按钮和图标是否方便使用，内容转移控制设置的有效性，画面设计是否符合学生视觉心理需求，课件能否充分利用计算机性能，以及补充材料是否易于理解，等等。

另外，根据数学教学内容的特性，数学CAI课件的制作形式可以有很大的灵活性和多样性。当制作较小规模的课件时，可能集中于某一个特定知识点或一种数学技巧的讲解与演示，这类课件往往较简短，只需几分钟的播放或展示时间即可完成。而在制作较为庞大的课件时，课件的范围可能涵盖一个完整的单元乃至整本书的内容，因此，需要提供较长时间的持续性学习体验。在这种情况下，课件的结构和组织需要更为精细和周密，以便帮助学生在整个学习过程中充分吸收和掌握知识。

以上仅是数学CAI课件制作的纲要框架，实际制作过程是动态生成的，会涉及许多不确定的因素，需要根据当时的现实情况具体问题具体分析。假如在制作课件时使用的软件是不同的，即便是针对相同的教学内容，所呈现出来的界面效果也会是不同的。

## 二、现代教育技术在数学建模中的应用

在当前已步入信息化时代的社会背景下，竞争压力巨大，而人才竞争显然成为其中重要的一环。数学在提高新时代人们综合素质方面扮演着关键角色。信息化时代为知识的传播与应用带来了广阔的拓展空间，也使得学习方法、学习内容、学习策略等更加多样化。计算机科技的进步从根本上改变了数学在社会生活中的角色，不仅在传统的工程和经济建设中发挥着关键作用，而且在开

拓新领域时也具有重要意义。现在许多跨学科领域，如地质数学、计量经济学等，都是数学与其他专业学科相结合的产物。数学和计算机技术的融合已经成为高科技发展的关键驱动力。在当前这个新时代，我们必须重视数学教育，培养更多具备优秀综合素质的数学人才，以便学生能够运用数学知识建立数学模型，并利用计算机技术使应用数学的能力得到提升。

在解决现实问题或进行跨领域研究时，首要且关键的步骤就是运用数学语言来描述研究对象，即建立相应的数学模型。为了顺应时代潮流和满足教育改革的需要，教育必须与社会需求保持同步，将数学建模纳入大学课程。在学习数学过程中，学生不仅要掌握准确且迅速计算的技巧和统一的逻辑思维方式，还要学会运用数学工具去分析和解决实际问题。传统的数学教学方法和内容往往过于偏重理论知识，过于抽象，而忽略了数学知识与学生现实生活的紧密联系。已有的数学模型代表了现实世界中的特定对象，为了达到特定目的，需要基于独特的内在规律进行必要的简化假设，并采用合适的数学工具以获得数学结构。具体来说，需要考虑不同的逻辑可能性，区分主要和次要因素。通过抽象、简化、数学语言和思维方法，我们可以创建近似问题的数学模型，而成功建立数学模型，将有助于简化问题的解决策略。在得到计算结果后，还需要进行验证或调整数学模型，并反复执行上述步骤。

在教学过程中，教师挑选具有代表性的问题，引导学生从现实情境出发展开讨论，将数学理论、技巧与实际问题紧密结合，创建数学模型，制定算法，进行计算机仿真，分析成果，最终利用计算机撰写科技论文。建模的方式，扩大了学生的思考范围，激发他们积极关注社会和未来发展，改善过于依赖课本、过分强调练习题的教学现状，使数学更加贴近实际生活。这样的教学方法使得学生在掌握数学知识与实践应用双向发展的过程中，领悟数学的重要性，享受学习数学的乐趣，体验充满活力的学习过程。这对于培养学生的实际应用能力和创新精神具有积极作用，也彰显了“学习数学、实践数学、应用数学”的教育理念。

在现代教育技术的协助下，数学建模得以诞生并发展壮大，这是一种科研方法，也是一种教学策略。作为科研方法，研究者运用数学软件来探讨数学议题（探究、推测、解答、验证）并解决创建数学模型、寻求数值解等实际问题。

作为教学策略，学生可以利用数学软件进行函数图像的描绘，并制作动态图形，通过观察识别一些现象，根据现象推导某些特性，论证或反论证推导的特性，对论证没有问题的特性进行推广和应用，然后在教师的指导下，可以进行数学的探索和学习，通过数学建模实验，获取传统学习环境中难以获得的知识和信息。数学建模已逐渐发展成一个充满活力和潜力的新兴数学领域。它将探索与发现视为教育过程中的关键环节，以学生为核心，运用数学方法与计算机技术共同解决数学难题，并在实际操作过程中掌握数学知识。

数学建模的具体流程如图 4-4 所示。

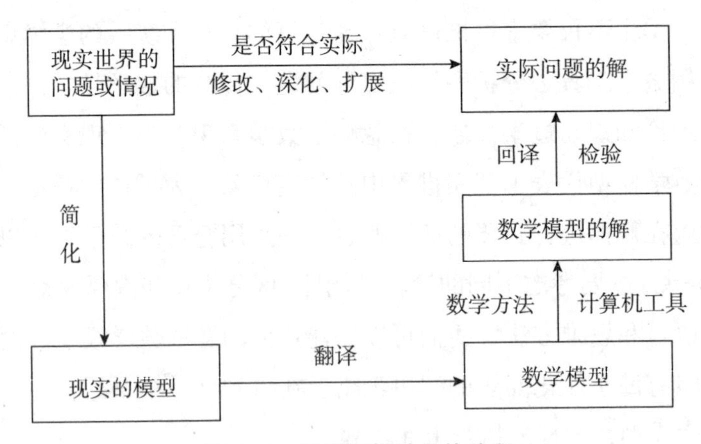


**图 4-4　数学建模的具体流程**

数学建模是一个不断循环的过程，涉及多次对流程图的分析和迭代。在这个过程中，计算机是一个非常重要的工具。数学建模中的模型通常基于“理想状态”建立，而计算机能够模拟这一“理想状态”，为模型求解提供直观的参考。借助计算机进行编程和数学实验，使数学建模活动变得更为丰富和多样。计算机强大的运算功能非常适合应对数学建模过程中的数值计算需求，同时，其庞大的存储容量和网络通信功能使得数据存储与检索变得更加便捷高效。此外，计算机具备智能化特性，能够实时提醒并协助用户解决数学模型相关问题。先进的软件，如几何画板、Maple、Mathcad、SPSS、Matlab、Mathtool 等，都是数学建模的重要工具。

在众多建模过程中，计算机技术起着至关重要的作用。从选题、问题识别、模型求解、解析、验证、优化，直至推广与报告撰写，计算机技术和计算方法都是不可或缺的支持。只有通过不断实践，教师才能掌握计算机的使用时机、使用场景以及如何将其作为学习和研究的有效工具。尤其是在全国大学生数学建模竞赛中，计算机的参与成了成功完成任务的关键。

全国大学生数学建模竞赛题目涵盖了工程技术、经济管理、社会生活等领域的实际问题，如“DNA 序列分类”“血管三维重建”“公交车调度”“奥运会临时超市网点设计”以及“长江水质评价与预测”等。比赛采用通信形式进行，每队由三名大学生组成。在三天的时间里，队员们自由收集资料，进行调查研究，利用计算机、软件和互联网资源，共同完成一篇涉及模型假设、建立和求解、计算方法设计与计算机实现、结果分析和验证、模型改进等的论文。

## 三、现代教育技术应用于大学数学教学的素材库

现代教育技术在辅助教学方面的重要性不但体现在帮助学生掌握关键数学知识，激发学生积极投入教学过程，提高学生对数学的兴趣和热情，而且在培养学生的数学运用能力上更表现为它使学生意识到数学思维的必要性。数学软件不能替代数学思维，如果缺乏扎实的数学理论基础和严谨的数学思维，即使是功能强大的软件也无法解决简单的数学问题。因此，利用现代教育技术辅助教学有助于学生认识到数学理论的重要性。

为了在计算机支持下设计更高效的教学方法，教师和学生可以创建一些典型的示例，并将其存储在素材库中以供教学使用。这个素材库可以采用表 4-1 所示的格式。

表 4-1 素材库

| 序号 | 课程名称 | 实验项目 | 应用软件 |
| --- | --- | --- | --- |
| 1 | 高等数学 | 函数极限 | Maple |
| 2 | 高等数学 | 导数的应用 | Maple |
| 3 | 高等数学 | 曲边梯形的面积计算 | Maple |
| 4 | 高等数学 | 二次曲面的变化 | Maple |
| 5 | 高等数学 | 偏导数的几何意义 | Maple |
| 6 | 高等数学 | 曲线的切线动画 | Mathcad |

续　表

| 序号 | 课程名称 | 实验项目 | 应用软件 |
| --- | --- | --- | --- |
| 7 | 高等数学 | 复合函数的作图 | Mathematica |
| 8 | 高等数学 | 近似值 | Mathematica |
| 9 | 高等数学 | 数列与级数 | Mathematica |
| 10 | 高等数学 | 泰勒展开的误差 | Mathematica |
| 11 | 高等数学 | 求微分方程的近似解 | Matlab |
| 12 | 高等数学 | 二重积分的计算 | Matlab |
| 13 | 线性代数 | 线性代数实验 | Mathematica |
| 14 | 概率统计 | 各种分布的密度函数与分布函数 | Matlab |
| 15 | 概率统计 | 随机事件的模拟 | Matlab |
| 16 | 概率统计 | 统计基本概念的实验 | Matlab |
| 17 | 概率统计 | Matlab 在概率统计中的应用 | Matlab |
| 18 | 概率统计 | 数据处理实验 | Matlab |
| …… | …… | …… | …… |

# 第五章　数学文化与大学数学教学

## 第一节　数学文化概述

作为人类文化的核心构成，数学文化对社会和民族的进步具有一定的影响。在现代化大学数学教育过程中，深化学生对数学文化的认识，是提升国民数学水平的关键手段，也是培育新时代创新型人才的关键途径。

### 一、数学文化观念形成的背景

数学文化观念及其研究的兴起并获得广泛关注，已在数学领域、数学哲学领域以及数学教育领域产生了广泛的影响。观察数学发展轨迹，我们可以发现其内外部的必然联系，也就是深厚的社会文化背景推动了这一现象的发现。

#### （一）形势的发展

1. 数学本身的发展

在微积分理论成功构建于自然数与实数理论之上后，自19世纪中叶起，数学的发展进入了近现代阶段。随着高度抽象的非欧几何、非交换代数等学科的相继诞生，数学新理论层出不穷，呈现出高度分化与综合交叉的发展态势。如今，数学已成为一棵枝繁叶茂的大树，一个庞大的无人能够跨足所有分支的系统。数学学科的蓬勃发展，打破了“数学是研究现实世界的空间形式和数量关系的科学”的传统观念。

2. 数学应用的扩展

数学应用范围不断扩大，其基础科学地位、科学典范作用和高技术地位逐渐增强。各个科学领域都需要数学为其提供方法与模式，数学的社会化程度日益提高。特别是自20世纪中叶以来，以计算机为代表的信息技术给世界带来了巨变。计算机的出现一方面赋予数学“技术”的特性；另一方面将数学应用推向顶峰，普及至社会各领域，加速了各科学领域的数学化。在新技术革命和信息革命浪潮中，数学及其技术已成为最宝贵的思想与理论财富。数学作为信息技术最关键的理论基础，为“后信息时代”奠定了坚实的科学技术与思想基石。

### （二）问题的产生

1. 数学学科的分化

数学发展高度的抽象化趋势带来了高度的学科分化趋势，即使是不同数学分支（如纯粹数学与应用数学）之间的隔阂与分化也是激烈的纯粹数学（有人称为“核心数学”），更加抽象，似乎更远离现实世界，成为数学家“自由思维”的产物；而应用数学则更加贴近社会生活，应用更加直接。不同的数学分支之间的距离在许多方面越来越远，对不同的数学分支而言，数学家成为数学的外行；同时，科学主义与工具理性的滥觞使数学与其他人类文化的普遍联系被忽视，导致了数学在社会文化中的孤立。

2. 数学身份的演变

在很长一段时间里，数学被视为自然科学的一部分。然而，随着数学及其应用的发展，现代科学体系的分类已将数学与自然科学和社会科学并列。数学的科学价值不再局限于其自然科学性。值得注意的是，数学既不像自然科学那样仅研究自然界某方面的现象与规律，也不像人文社会科学那样仅研究人文社会某方面或领域的现象与规律。数学应用触及人类社会各个方面和领域，数学思想方法和质疑精神影响着人类文化的诸多方面。因此，用科学来定义数学可能并不全面。从本质上讲，人类文化是人类在文明进化过程中创造的物质与精神财富的总和。从这个意义上讲，数学体现了更广泛的文化内涵。因此，数学文化不仅是科学文化的典范，而且具有独特的、新兴的跨学科地位。计算机的普及使数学在人文、社会科学研究中的应用价值逐渐提升，催生了大量交叉学科和跨学科研究领域，各领域知识的数学化趋势日益凸显数学在知识与理论发展过程中的解释、应用与启发功能。这种普遍的“数学化”趋势使数学成为一种知识科学化的重要标志，为数学文化的理论建构提供了丰富的素材。数学的科学文化本体论意义逐渐泛化，其从理论与应用等多个层面获得了超越科学文化的意义，成为连接自然科学与人文社会科学的桥梁，扮演着沟通文理、兼容并蓄、弥合文化裂痕的文化使者角色。

## 二、数学文化的概念与特点

### （一）数学文化的概念

“文化”这一复杂概念因时代和地域的不同而呈现出多样性，这使得对文化的定义变得困难。文化没有固定的模式和内涵，而是随着时间和地点的变化而演变的。总的来说，文化是一个矛盾体，因为它既具有排他性和兼容性，又具有独立性和创造性。文化不限于某个特定领域，自原始社会阶级诞生以来，它就涵盖了政治、经济、教育和社会的各个方面。文化是群体产物，不同群体会产生自己的文化，一个群体的文化通过其显著特征来表现。与此同时，个人也是文化的产物，文化与人密不可分，人的行为在很大程度上受到文化的影响，不同文化背景的人对事物有不同的理解。有人将文化定义为一种共同的生活方式，有人认为文化是人类文明的总和，还有人认为文化是自主自觉的行为规范和价值观体系的结合。《辞海》对文化的解释是：“人类社会历史实践过程中所创造的物质财富和精神财富的总和。”①

数学作为研究数量关系和空间结构的科学，自产生之初便与人类生产劳动紧密相连，后来出现了纯粹数学和应用数学的区分。数学发展的每个阶段都与人类文明密切相关，它已深入人们的日常生活。人类的语言、科技、建筑、商业关系、风俗习惯等都受到数学的影响。所有这些与数学相关的社会方面以及数学自身的发展共同构成了数学文化。

一般来说，数学文化的定义有广义和狭义之分，广义的数学文化是以数学科学体系为核心，将其内在的思想、精神、方法和庞大的知识体系等辐射、渗透和扩展到相关文化领域的一个具有强大精神与物质功能的动态系统，是数学知识、数学精神、数学思想、数学方法、数学思维、数学意识、数学审美、数学事件等文明的总和。而狭义的数学文化是指将数学放在文化背景下进行宏观

---

① 《辞海》编辑委员会 . 辞海 [M]. 上海：上海辞书出版社，1979：1534.

反思，它主要研究数学与人类文化的动态关系。

### （二）数学文化的特点

1. 人文性与科学性交融

知识是一个整体，数学是这个整体的一部分。每一个时代的数学都是这个时代更为广阔的文化运动的一部分。我们必须将数学与历史、科学、哲学、社会科学、艺术、音乐、文学、逻辑学以及与所讲主题相关的学科联系起来。我们必须尽可能地组织材料，使数学的发展与我们的文明和文化的发展联系起来。相较于纯粹的数学知识，数学文化更强调数学知识的起源和发展过程，展现了数学家探索和研究数学的途径，呈现数学家质疑、追求真理和美的优秀品质，体现了数学在促进思维发展和创新生活方面的价值与作用。

例如，在学生学习数学时，他们会遇到“1，1，2，3，5，8，13，…”这样的数列，要求他们找出数的变化规律，并关注数之间的计算。针对这个问题，如果以图文结合的方式介绍意大利数学家列奥纳多·斐波纳奇如何发现这个数列，并通过有趣的兔子繁殖问题进行解析，就能展现其内在的人文性。因此，数学文化能体现出数学与人类生活的密切联系，彰显其人文性和科学性，并进一步促使人们形成具有高度人文关怀的科学精神和现代科学意识的人文精神。

2. 开放性与包容性并存

郑毓信等认为，数学文化并非自生自灭的封闭系统，而是一个开放的系统。[①]与纯粹的数学知识相比，数学文化的内容更广泛，包括数学知识及其来源、数学家的故事、数学游戏、数学在其他学科中的应用等内容。更为重要的是，随着对数学史料的不断挖掘，数学文化的内容会不断更新。比如植树问题，著名数学家牛顿探索过“9 棵树，栽 9 行，每行栽 3 棵，怎么栽？”，并提出“要栽 9 棵树，每行栽 3 棵，恰好成 10 行，怎么栽？”的问题。英国作家道奇森在其童话名著《爱丽丝梦游仙境》中也提到了一个植树问题：“10 棵树栽成 5 行，每行栽 4 棵，怎么栽？”还有生活中各种各样的“植树问题”等。数学中基于现实问题而不断探索的实例，使得数学文化不断地融入数学及其他学科，从而不断地丰富数学文化的内容，使得数学文化具有开放性。

① 郑毓信，王宪昌，蔡仲．数学文化学 [M]. 成都：四川教育出版社，2000：5–10.

在纯粹数学中，“数学家非常习惯的是，在他们的科学里，最合算就是正确和客观，即取消所有论证的偏向性。他们在自己的工作中，总是唯一地遵循着客观真理的原则”①。而在数学文化中，既有“学者数学”，也有“实用数学”，更有各种不同类型的“民俗数学”，体现了数学文化的包容性。比如乘法的计算，除了教科书中的竖式计算方法，还有线法、格子乘法（在中国叫“铺地锦”）、杨辉算法和算盘算法等计算方法。

3. 民族性与统一性共生

数学文化揭示了数学知识的起源和演变过程，这个过程深刻反映了各民族文化的特色，展现了不同国家和民族的特点，同时呈现了数学发展追求一致性的特征。例如，代表中国古代数学文化的《九章算术》和代表古希腊数学文化的《几何原本》，由于其所依赖的历史文化传统不同，形成了两种截然不同的数学文化风格和特征。《九章算术》受到当时中国“经世致用”的文化影响，更注重数学在实际生活中的应用，而《几何原本》受到古希腊“崇尚理性”的文化影响，更关注抽象严谨的学科体系建设。这些都与当时的民族文化特点密切相关。因此，通过数学文化，可以引导学生了解本民族在数学上的伟大成就，增强学生的文化自信，培养学生的民族自豪感。

从清代开始，中国逐渐摒弃传统数学，全面转向学习西方数学，而西方国家的数学也展现出广泛的应用性。数学文化还揭示了数学发展的一致性。数学最初是研究“数”和“形”的。早在古希腊时期，数学家就试图将它们统一起来，如毕达哥拉斯的“万物皆数”。后来，法国数学家笛卡儿发现的解析几何推动了二者的融合，并试图建立一种通用的数学。德国数学家 F. 克莱因提出用群的观念来统一整个数学。布尔巴基学派试图用“结构”来统一整个数学。尽管这些尝试均未成功，但在追求一致性的过程中，数学内部错综复杂的联系逐渐变得清晰。更重要的是，随着数学的发展，数学分支越来越多，一方面数学分支之间的联系不断被发现，另一方面利用数学分支之间的联系形成了解决问题的强大工具。这两个方面既是数学内在一致性的集中体现，也是数学在更高层次上走向统一的反映。

---

① 张奠宙，戴再平，唐瑞芬，等. 数学教育研究导引 [M]. 南京：江苏教育出版社，1998：450.

## 三、数学文化的价值

关于数学文化的价值，不同的学者对此的研究有所不同，大致上分为数学的文化价值和数学文化的价值两种。由于两者的区别不太大，本书默认二者相同。数学文化的价值主要体现在以下三个方面。

### （一）教育价值

数学文化所体现的教育价值是其他课程难以取代或达到的。即使多年后所学习的知识内容被遗忘，已经内化的素质和形成的数学素养将成为我们终身珍贵的精神财富。数学素养不仅包括日常学习中应用的基本知识，还包括我们在不断学习过程中逐步掌握的数学思维、数学方法和数学精神。

此外，数学文化不仅传授我们所需的知识，还教导我们关于美、德、真实和人生的理念，使我们具备勇敢、坚忍、胸怀宽广的心理品质，高尚的情操，辨别是非的能力，并对生活保持热情。总之，学习数学文化，使我们学会了运用数学来认识和思考世界，丰富了我们理解世界的方法；使我们对生活始终充满希望和好奇心；教导我们用理性的思维去探索世界，同时让我们体会到数学对其他领域和学科的贡献，激发我们运用自己的智慧和努力为社会做贡献，同时不断推动数学的进步。

### （二）美学价值

在数学教学中，美学价值分为四个层面：美观、美好、美妙和完美。它们主要体现在形式上的对称、和谐与简洁。然而，对于许多人来说，数学似乎总是笼罩在神秘的面纱之下，难以捉摸。在数学的历史发展中，这门学科充满了艺术气息，因此具有独特的美学价值。与音乐和美术的美学价值不同，数学文化的美学价值并非仅供欣赏，而是在一定程度上展示了学科的价值。一方面，人们利用数学之美创造美丽事物，如著名的黄金分割比，将其应用于建筑或绘画，创造出宏伟的建筑和美丽的画作供人欣赏。另一方面，数学之美在一定程度上推动了数学的发展，成为数学家在遇到困难时的指引。因此，数学文化的美学价值可以说是数学家在探索数学知识道路上的引导者。在数学文化悠久的发展历史中，从未缺少数学之美的灵感和数学家的审美方式。数学家通过努力创造出的数学成果也可被视为艺术品，给人们带来美的享受。

#### （三）应用价值

数学文化在众多领域和学科中都有广泛的应用，如物理学、计算机学等，都离不开数学知识的支持。尤其是与计算机紧密联系的领域，计算机软件的运行依赖于各种数学算法，算法越先进，软件就越高级。可以说，现代高科技的核心便是数学。随着人类社会的进步，数学也不断完善和发展。仔细观察我们的日常生活，从购物、游戏、房贷到股票交易，无一不涉及数学。

总之，学习数学文化使我们用数学的视角探索世界，用数学思维思考问题，用数学语言表达观点，培养我们理性的头脑、精确的表达能力、对未知事物的强烈好奇心和求知欲，使我们利用所学知识为社会做出贡献，实现人生价值。

## 第二节　大学数学文化特质解析

大学数学文化特质主要体现在数学史、数学思想、数学美与数学精神上。

### 一、数学史

#### （一）数学史的内涵

每个学科都拥有其发展史，而数学史是研究数学发展历程的学科，关注数学变革与演进规律，既属于历史学领域，也是数学科学的一部分。我们现在学到的数学知识实际上都源于“历史上的数学”。为何这样说呢？因为数学史包含两个方面的内容：首先，数学史是数学学科本身，体现为人类社会中的数学知识；其次，数学史还包括数学发展过程，涵盖数学家及其创新活动，如探索精神、工作态度和思维方法等，具有社会性、广泛性和多样性的特点。

在数学课堂中融入数学史的相关内容，如著名数学家寻求真理的故事和发现数学规律的趣事，可以让学生了解一个简单的数学符号也是几代数学家努力的结晶，展现数学学科的文化魅力。这将极大地激发学生对数学的兴趣和热爱，提高学生学习积极性和主动性，对培养学生的自信心、学习态度和习惯都具有积极影响。数学在很大程度上影响着人类的生活和思维方式，数学史作为数学文化的重要组成部分，从侧面反映了人类文明的发展史，是数学文化不可或缺的一个分支。

### （二）数学史的教学价值

1. 促进学生形成科学的数学观

数学观是关于数学最基本的看法和最核心的认识。尽管许多学生仍然认为数学仅仅是一系列现有的概念、性质、公式和定理，认为学习数学只是记忆数学结论和证明命题，但学习数学史可以增强学生对数学的全面理解和宏观把握，从而帮助他们形成科学的数学观。

首先，学习数学史使学生意识到数学不仅具有系统的演绎性，还具有实验性和归纳性。世界数学发展史上丰富的数学实践充分说明：数学知识的产生过程类似于其他实验性学科，在获得正确结论之前，需要先进行猜测，然后尝试运用各种方法论证，只有经过严格的证明，才能证实结论的正确性。证明方法有多种，包括严密的逻辑思维、形象思维、数形结合等。然而，大学数学教材通常只展示经过证明的结论，忽略了发现过程中的曲折和漫长历程。这可能导致数学教学过于侧重演绎推理，而忽视数学知识产生的类比和归纳过程，从而误导学生认为数学仅仅是基于公理和定义，通过演绎推理而产生的，这是对数学本质的误解。在数学教学中，教师应帮助学生充分认识到数学发现的多样性，在进行演绎推理训练的同时，也要积极开展类比推理训练。特别是在演绎证明之前，教师应指导学生进行猜测，引导他们进行探究和论证，让学生体验发现过程。

其次，学习数学史有助于让学生明白数学在不断提问与解答的过程中发展和完善。通过数学史，我们可以看到在数学各个发展阶段都有大量促进数学进步的问题。人们因此不断地寻求解决方案，推动数学学科的繁荣发展。学习数学史有助于学生了解数学问题的产生、提出、分析和解决过程，以及在解决问题过程中的思路和结论形成。学校初等数学教材中的很多问题已经解决，解决过程也没有新意，导致学生可能不知道仍有许多未解决的数学问题，这些问题也是数学研究的内容。将数学史纳入数学教学，指导学生提出现实生活中的数学问题，并启发他们解决实际问题，这正是数学史给我们的启示和经验。

最后，学习数学史可以帮助学生认识到数学在不断发展。要预测数学的未来，就必须研究其历史和现状。数学史告诉我们，数学学科的形成和发展并非一蹴而就，而是历经艰辛。许多数学理论处在不断的发展和完善的过程中，它们往往是历史上不同时期、不同人物的点滴认识和成果逐渐积累而成的，其中有些认识的突破可能需要数十年甚至数百年或更久，例如负数的发现与应用、字母表示数的认识与运用、坐标系的建立等。数学史上有许多这样的认识和方法，帮助学生真正体验数学的发展。在数学教学中，教师应运用各种方法向学生展示数学认识和方法的产生过程，并适时讲解数学发展的前沿成果，这可以使学生逐渐意识到数学学科的生命力是强大的，它时刻都在发展和成长，我们每个人都是数学发展过程的参与者和见证者。

2. 激发学生学习数学的兴趣

数学史在激发学生对数学学习兴趣方面具有关键作用。它为数学研究注入了更多活力，使数学概念变得不再枯燥乏味，从静态转向动态。此外，记录数学家在数学领域的贡献，使数学具有更多的人性化特质，这是数学史的一大价值。人性化的数学让学生感受到数学并非遥不可及或高不可攀，数学与我们的距离其实很近，学习数学变得有趣。

部分学生觉得数学乏味很大程度是因为在学习过程中，只关注了数学符号的表面，而没有深入了解它的内涵。只有用心去探索数学的内涵，才能发现数学的闪光点和魅力。了解数学历史的人会发现数学其实是一门充满趣味性的学科，其挑战性无处不在，能让人体验到成功的喜悦和数学的神奇。在所有学科中，数学是最古老的一种，关于数学的趣闻逸事古今中外数之不尽。在大学数学课堂教学中，根据教学内容适时引入数学史、人物传记或趣味故事等，讲述数学家为真理奋斗的故事，将极大地激发学生的学习兴趣和探究欲望。

3. 拓宽数学眼界和开发数学思维

在数学史的长河中，同样的数学发现往往会在不同时间和地区出现，数学概念、定理、性质的产生并不局限于某种特定的思考方式。深入了解数学概念、定理、性质的起源、产生和发展历程，无疑将拓宽学生的数学视野。同时，丰富的数学史使学生认识到在多元文化背景下，各种不同的数学思维方法并存，从而理解多元文化导致了数学的多样化发展。将多元文化融入数学教学，指导学生欣赏各种数学文化，鼓励多样化的思维方式，将进一步拓宽学生的数学视野。

数学史对学生数学思维的开发也具有积极作用。思维是人脑对事物的普遍联系和本质特征的概括与反映，数学思维则是人们在数学活动中的理性认识过程，以及抽象数学概念、形成数学知识、进行数学命题推理的过程。通过研究数学史料，学生可以感受数学家的数学思维过程，从而更好地理解教材的本质，提高对教材的掌握能力。一些学生擅长解题，但对题目的本质缺乏深入思考，面对新问题时往往束手无策。积极研究和学习先人在面对未知问题时的解决策略和方法，对提升学生的综合能力大有裨益。例如，1847 年，自学成才的数学家布尔（1815—1864 年）通过长期探索和研究命题的演算规律，提出了一套全新的代数系统，将逻辑思维规律转化为代数运算，从而将复杂数学命题的变换转化为有效的数值途径。经常将这类数学史融入教学，有助于学生在探讨数学问题时意识到突破思维界限的重要性，进而促进其数学思维的发展。

4. 促进学生的精神成长

在数学教学中，将数学家的传记、趣闻、故事融入课程，展示古今中外数学家的人生历程、奋斗经历和有趣事迹，对学生的品格发展具有积极影响。数学家追求真理的科学精神、挑战权威的批判精神以及崇尚个性的创新精神，都是对学生精神成长的有益补充，有助于培养他们的学习兴趣和热情，使他们获得愉快的心灵体验。这种教学方法还有助于学生养成乐观的生活态度、宽容的人生观、端正的学习态度以及实事求是的科学态度。在价值观层面，通过学习数学家的经历，学生能够认识到数学家虽然推崇个人价值，但同时追求社会价值与个人价值的融合，以及人文价值与科学价值的统一。

## 二、数学思想

### （一）数学思想的内涵

数学思想是对数学知识本质的认识，是对数学规律的理性认识，是从某些具体的数学内容和对数学的认识过程中所提炼升华的数学观点。它在认识活动中被反复运用，带有普遍的指导意义，是建立数学体系和用数学解决问题的指导思想。

大学数学涉及的数学思想较多，如逼近思想、建模思想、化繁为简思想等。作为数学文化的核心，加强数学思想的教学对于提高学生应用数学的能力具有非常积极的作用。

### （二）数学思想的教学价值

1. 加强数学思想教学，有利于学生学习数学知识

高等教育的精髓在于将专业知识运用于实际生活，挖掘知识的深层含义，反映专业的思想方法，大学数学教学亦然。简言之，数学思想是将数学知识应用于实际的理念，是揭示数学概念、原理和规律的途径。因此，在大学数学教育中，合理运用数学思想是当前高等数学教学的必要组成部分。过去的数学教学过于强调理论知识的传授，对深层含义的挖掘不足，学生无法真正学会运用数学知识的方法。因此，在大学数学教学中，加强数学思想方法的教学对学生学习和应用数学知识具有积极作用。

2. 加强数学思想教学，有利于培养学生数学能力

加强数学思想教学有利于培养学生的数学能力。大学数学要求学生掌握的能力主要包括运算能力、空间想象能力、思维能力以及运用数学知识分析和解决问题的能力。在掌握相应数学知识的基础上，一个人数学能力的高低主要取决于数学思想的掌握程度。数学思想是数学的核心，教师通过讲解数学思想，可以使学生在数学活动中积累感性认识。随着感性认识积累到一定程度，学生的认识将发生质变，形成对一类数学活动的理性认识，即相关的数学思想。随着认知能力的不断提高，学生的数学能力也逐步形成。因此，加强数学思想教学有助于培养学生的数学能力。

3. 加强数学思想教学，有利于提高学生素质

在我国积极推广素质教育的背景下，数学、语文、英语等学科需要深入挖掘素质教育的内涵，将理论知识与实践相结合，提升学生将理论运用于实践的能力。数学涵盖众多定理和公式，若教师在课堂上仅仅传授这些知识，可能会

形成压抑的课堂氛围。学生虽掌握了定理和公式，但无法将它们用于现实生活，这样的教学将失去意义。数学本身抽象，作为表现世界空间形式和数量关系的学科，是人们认识和改造世界的基本能力。在大学数学教学中融入数学思想，旨在让学生学以致用，真正受益，实现全面的素质提升。

## 三、数学美

### （一）数学美的分类

数学美作为数学文化的一部分，是客观存在的，它代表自然界客观真理与人的主观感受的和谐统一。真实是美的主要构成基础，美则是真实的包容和升华。数学美是科学之美，体现在具有数学特征的美的因素、形式、内容和方法等各方面。总的来看，数学美主要包括以下几点。

1. 简单美

简单普遍存在于数学中，是数学美的本质之一。数学是客观事物数量关系和空间形式的高度抽象和概括。经过不同程度的抽象，所得出的数学形式和结构在各个领域呈现出简单的形态。数学简单美的内容及形式如图 5-1 所示。

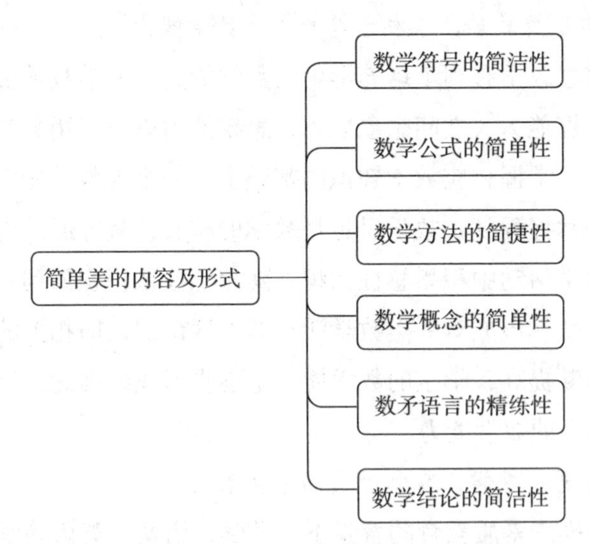


图 5-1 数学简单美的内容及形式

数学简单美还体现在简洁地回答困难的或复杂的问题上。将简洁性与严谨性视为绝对对立是错误的。实际上，严谨的方法往往也是简洁易懂的。正是追求严谨性的努力推动我们寻找更简单的推理方法。

2. 对称美

对称是一种具有美感的形式，它表示组成某物或对象的两部分的对等性。数学中对称美的具体体现如图 5-2 所示。

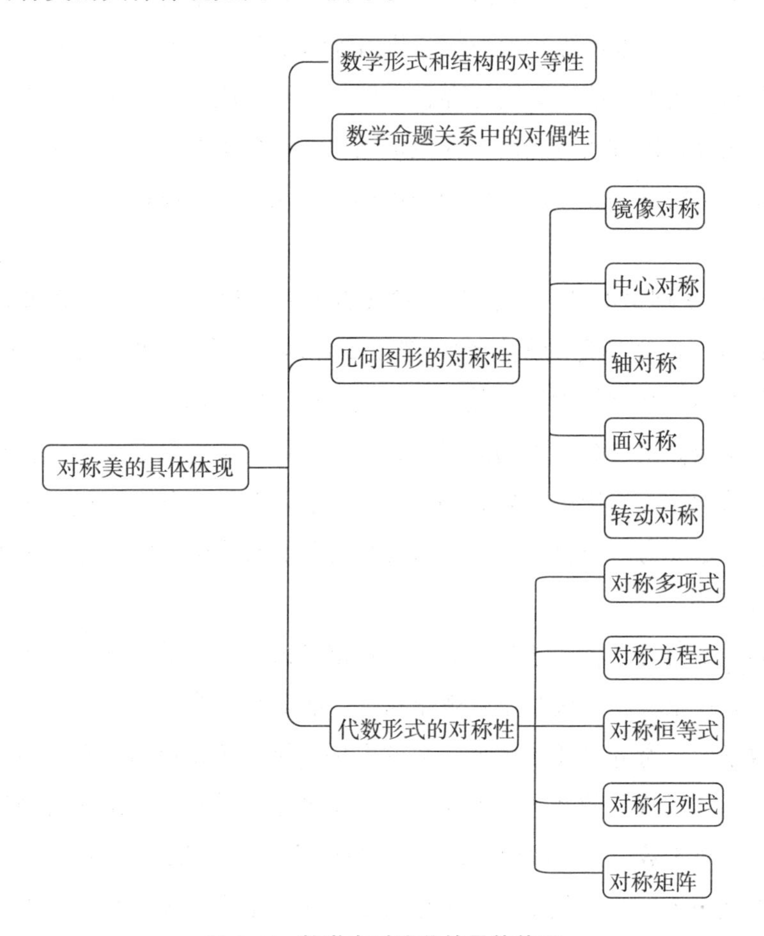


**图 5-2　数学中对称美的具体体现**

3. 统一美

所谓统一性，是指部分与部分、部分与整体之间的和谐一致。数学表现出多样的统一性，这种多样的统一性正是数学统一美的体现。具体而言数学的统一美主要体现在两个方面：一是数学概念、规律、方法的统一，二是数学理论的统一。

（1）数学概念、规律、方法的统一。客观事物之间是相互关联的，因此，作为客观事物映射的数学概念、定理、公式、法则也具有相互关联性，在特定条件下，它们可处于一个统一体中。例如，代数、几何、分析三大数学分支中的重要概念（运算、变换、函数）可以在集合论中统一为映射概念。此外，代数中的算术平均与几何平均定理、加权平均定理、幂平均定理、加权幂平均定理等著名不等式，都可统一为一元凹凸函数的琴生不等式。

在数学方法上，统一美同样存在。例如，解析法、三角法、复数法、向量法和图解法等具体方法可以统一为数形结合法。数学的公理化方法使分散的数学知识通过逻辑链条连接成完整的知识体系，从本质上体现了部分与整体之间的和谐统一。

（2）数学理论的统一。在数学发现历史的过程中，一直存在分化和整体化两种趋势。数学理论的整体性趋势主要体现为其统一性。例如，欧几里得的《几何原本》将空间性质简化为点、线、面、体等抽象概念及五条公设和五条公理，从而导出一套优雅的演绎理论体系，展示了高度的统一性。布尔巴基学派的《数学原本》用结构思想和语言重新整理各数学分支，揭示了数学的内在联系，使之成为一个有机整体，为人们展示了数学高度统一的美感。

4. 奇异美

奇异美指的是在特定条件下数学中和谐性或统一性的破坏，体现了数学中新思想、新理论、新方法对原有规律和统一框架的突破。

在数学中，奇异美随处可见，数的发展充满了传奇色彩。有理数的扩展导致了被称为“无理”的新数；实数的扩展又产生了被称为“虚”的新数；实数后出现了“超实数”，复数后出现了“超复数”，有穷数后出现了“超穷数”。在数学发展史上，挪威数学家阿贝尔关于五次以上方程无法找到一般形式的根式解的结论是一个奇异的结果。当时，这个结论令人难以置信，但它并未使代数学停滞。相反，正是奇异性的推动，使伽罗瓦创立了群论，从而使代数学研究从局部性转向了系统结构的整体性分析。非欧几何的诞生、哈密尔顿四元数的发现以及中学数学中的尺规作图问题（如正七边形、三等分角、化圆为方、立方倍积等）都是数学奇异美的典型表现。因此，奇异性是和谐统一性的升华，而新的和谐统一性又是奇异性的进一步发展。

当然，数学美的各种形式美之间存在相互渗透的辩证关系。简单美、对称美都是和谐美的特殊表现，而和谐美与统一美蕴含于简单美、对称美和奇异美之中。数学是和谐与奇异的统一体，数学美是客观世界统一性与多样性的真实、概括和抽象体现。

### （二）数学美的教学价值

#### 1. 对数学美的揭示，有利于激发学生数学学习兴趣

学习从来都是一件艰苦的脑力劳动，数学学习则更因其对象的高度抽象而显得艰辛。在深奥、枯燥的数学符号面前，学习者要长久地保持高度的学习热情必须有强有力的内驱动力，而这个动力的来源，首先应该是数学自身所具备的真理性，是数学理论所拥有的特殊的美感。美的感染力同真理的征服力从根本上讲应该是一致的。充分揭示数学所蕴含的美学因素，将有利于学习者对数学真理性的认识，从而激发其学习兴趣，增强其学习的自觉性和主动性，提高其学习的质量和效率。

（1）激发学生探求真理的积极性。数学理论以抽象概括的方式反映了现实世界在数量方面的必然性，并准确揭示了自然界的客观规律。教育工作者应充分展示数学知识的真理性，使真理的力量得到充分发挥。因此，教师需要时刻给予启发、指导和帮助，充分展示数学之美的真实方面。

揭示数学美的真实性，关键在于展示概念定义、定理证明、方法提出和理论构建的科学性和严谨性，指出它们都是现实生活中各方面客观规律的抽象概括、合乎逻辑的演绎和科学系统的总结。讲解和介绍抽象数学知识时，要尽可能与客观世界中的原型和人类认识与改造客观世界的实践联系起来，通过生活中的实例验证其正确性和可靠性。对于高度抽象的数学概念、方法和理论，应通过深入分析和研究其理论基础和推导过程，充分展示其科学性和严谨性，让学生间接地认识到这些理论和方法的真实性和合理性，了解数学知识体系是人类认识世界、反映世界的重要成果之一，是一个完整且严密的真理系统。

教师应通过揭示数学美的真实性，让学生认识到数学美的简单性反映了客观世界客观规律的简单性，数学美的对称性反映了客观世界事物的对称性，数学美的统一性体现了客观物质世界普遍联系的客观规律，数学美的奇异性则直接展示了世界丰富多样的结构和特征。通过这种方式可以激发学生对真理的强

烈追求，渴望认识世界，使他们能够对复杂抽象的数学学习保持坚持不懈、百折不挠的态度。

（2）提高学生钻研数学理论的主动性。数学美是一种理性之美，具有简洁、统一、对称和奇异等特点。数学概念的精确简明、定理的简练深刻、公式的简洁明了以及方法的独特神异都能让人激动不已、产生美感，感受到心灵震撼。这些都是激励学生克服困难、持续进步的强大动力。

人类对自然的好奇是一种类似本能的心理特质。一个心理健康的人，在其心理结构中，审美需求占据较高层次，而对数学之美的追求则是这一层次的巅峰。好奇心、求知欲和攀登数学高峰的崇高理想共同作用，必然会催生对数学知识和数学美的热切追求。陈景润在证明哥德巴赫猜想上取得世界瞩目的成就，据说源于他小时候偶然听到学者讲述的一个新奇的“1+1=2”的数学命题，意识到数学是自然科学的皇冠，哥德巴赫猜想则是这顶皇冠上的璀璨明珠。为了攫取这颗明珠，陈景润毫不动摇地追求，并为此奋斗一生。

要感受数学之美，需要具备一定的数学素养。然而，许多学生缺乏这种素养，对数学美的深层次和内在特质难以领悟和欣赏。为此，数学教育工作者在日常教学中应有意识地揭示和挖掘教材与实际应用中的数学美学要素，引导学生去品味和体会数学美的各种特征。将数学知识的高度抽象性、严谨逻辑性、明确有序性以及数学美的简洁、统一、对称和奇异等特点充分展现给学生，渗透进学生的思想，从而激发其对数学学习的热情，使学生积极、主动、自觉地去探究那些看似枯燥乏味却深奥的数学知识和理论。

2. 对数学美的认识，有利于增强学生数学学习能力

数学学习能力对数学学习效果具有决定性影响，与学习者对数学美的理解直接关联。对数学美的充分理解有助于提升数学学习能力，而数学学习能力的提升反过来又有助于更深入地认识和理解数学美。两者之间形成了相互促进、相互支持的关系。

从本质上讲，数学学习能力主要包括逻辑思维能力和辩证思维能力，具体表现为分析与综合、抽象与概括、归纳与演绎、类比与联想以及善于运用普遍联系、运动发展的观点来看待和解决问题的能力。

（1）充分认识数学简单美，有利于增强学生分析、概括的能力。数学美

的简洁性反映了数学知识体系高度概括和凝练的特点。高度凝练往往伴随着严谨性，简洁的表述更能凸显其核心和本质。例如，公理化系统的建立强调独立性，要求以尽可能少的公理和原始概念作为推理演绎的基础。这种严格的简洁性要求确保了知识体系的清晰简明，突出了系统的结构框架，并深入揭示了整个系统的本质内容。例如，数学定义的主要形式——属种定义法，它通过属概念（范围较广的概念）加上种差来定义新的种概念（具有一定特殊性的范围较窄的概念）。这种方法在文字表述上实现了极简，同时清晰地展示了概念间系统的逻辑联系。此外，在解答数学题时，我们评价优劣的主要标准是简单性原则：使用尽可能少的公式或定理，运算或推导过程最简短的解法被认为最高明。简捷的解法往往反映了解题者出色的分析和概括能力。分析和概括能力越强，越能抓住问题的本质，解答过程也越简明。因此，教师应引导学生运用简捷的方法分析和解决数学问题，从而增强学生的数学审美能力和数学学习能力。

（2）充分认识数学对称美，有利于增强学生联想、类比的能力。数学中的对称美展示了自然界的和谐特征。对称是客观事物在数量和关系上的相对平衡，是数学知识在内容和形式方面的一种独特联系。从初等几何图形的轴对称、中心对称，到代数学中的数、式、方程的对称，再到解析几何的函数、方程、图像的对应，以及射影几何中的命题、定理、图形间的对偶，从具体对称到抽象对称，从狭义对称到广义对偶、匀称，随着学习的不断深化，学生视野将变得更加开阔，对自然界的客观规律、数学概念、定理和方法间关系的理解将更加深入，这些都将激活学生的思维，拓宽学生的思路，极大地提高学生进行类比和联想的能力。例如，在学习过程中，学生了解了正面的就可以思考反面的，了解了平面的就可以类比空间的；了解了数的就可以类比形的，了解了代数的就可以类比几何的，等等。

类比和联想是数学学习中不可或缺的能力，也是较难培养的能力。要提高学生的类比和联想能力，需重视学生对数学美中对称特征的认识和理解。从基本的图形对称、正负数对称开始，不断积累、总结分析，使学生克服思维定式，加强对称、类比、联想的意识和能力，逐步培养学生对称思考、类比思维的习惯。长期坚持，学生的数学学习能力将得到显著提升。

（3）充分认识数学统一美，有利于增强学生综合、归纳的能力。数学美的统一性展现了数学知识部分与部分、部分与整体之间的有机联系。在数学教学过程中，强调对统一美的理解，有助于学生系统地把握所学知识的内在关联，并提高综合和归纳能力。

统一性是数学知识体系的一种内在特性，为了充分理解这一特性，学生在学习过程中需要时刻关注概念、定理和公式之间的比较、综合和归纳，在弄清楚数学知识内在联系的基础上进行分类和整理，构建完整的知识网络。这样的认识不仅有助于记忆公式，提高知识体系的综合归纳能力，还有助于培养学生辩证的思维方法，使学生学会用运动变化的观点看待看似孤立、静止的数学知识系统。

在教学过程中，教师还需要引导学生充分认识各种数学原理和数学思维方法之间的内在联系，认真分析和比较加法原理、乘法原理、容斥原理、最小数原理的主要内容和精神实质。同时，教师应指导学生认真分析和比较归纳法、反证法、分类方法、数学建模方法的基本思想和应用范围，掌握规律，熟悉用法。这样既加强了学生对数学统一美的认识，也极大地提高了学生的数学学习能力。

（4）充分认识数学奇异美，有利于增强学生求异、创新的能力。数学美的奇异性反映了客观物质世界的多样性和独特性。奇异的理论、方法和结果很容易激发学生的兴趣。同时，奇特和新颖的外观通常包含着独特且富有创造性的内容和思想，能启发学生，并帮助其提高创新能力。

奇异性意味着不寻常，可以帮助学生打破既有的思维模式，为学生开拓一个全新的领域。奇异性能够使一些容易被忽视或处于隐蔽状态的问题和矛盾鲜明地展现在学生面前，起到触动学生心灵的效果。例如，各种奇特的反例和悖论可以使学生对相关概念的内涵和外延，以及某些定理的条件和结论的适用范围有更全面和深入的理解。

对数学奇异美的认识，不仅应满足好奇心，还应关注奇异美背后隐含的规律和方法论。这要求学生善于分析和研究奇异的数学美，透过表面现象，理解其更为精致的内涵；在不断认识和总结的基础上，逐渐培养在数学学习过程中进行创造性思维的能力。例如，证明三个连续自然数的乘积能被 6 整除并不困难，因为连续的三个自然数中至少有一个是偶数（因此有因数 2），同时必定有一个可以被 3 整除（因为余数只能是 0、1、2 三种情况），根据数的整除性定理，可知连续三个自然数的乘积必定能被 6 整除。

3. 对数学美的理解，有利于提高学生数学学习质量

数学学习质量主要是指数学学习能力和数学学习效果。而数学学习效果的提升主要是指对数学概念的准确把握，对数学方法的熟练掌握，对数学定理的自如运用，特别是对数学知识体系的系统构建。实践表明，对数学美的深入钻研和理解，不仅有利于数学学习能力的增强，也有利于数学学习效果的提升。

（1）对数学美的理解，有利于学生把握数学概念。数学概念构成了数学体系的基础。与其他概念相似，数学概念具有“质”和“量”两个方面。概念的“质”是内涵，而“量”是外延。为了准确掌握概念，我们必须明确理解概念的内涵和外延。认识和理解数学美的逻辑性、抽象性、简洁性和统一性可以在这方面给学生提供很大帮助。

概念有不同类型，从外延的角度区分，有的指代特定的事物，有的指代一类事物；有的从整体上反映一个集合，有的则不是。因此，概念可以分为单独概念和普遍概念、集合概念和非集合概念，在表述和应用过程中需要数学美所强调的严谨和精确。例如，“3”是单独概念，“自然数”是普遍概念，而“自然数集”是集合概念。我们可以说“3”是自然数，但不能说“3”是自然数集。

概念的定义方法有所不同，包括直接给出的原始概念、用内涵定义的派生概念（如“平面上到点的距离等于定长的点的集合，叫作圆”）和用外延定义的派生概念（如“有理数和无理数统称实数”）。属种定义法是一种用内涵定义概念的简洁表达形式（如“邻边相等的矩形，叫正方形”）。这里既强调简洁和精确，又体现了整个体系的统一美。需要注意的是，尽管圆的定义已经非常简练，但“平面上”这三个字绝对不能省略，否则定义的将是球而非圆。

此外，概念还可以进行划分。根据给定标准，一个属概念可以划分为几个种概念。不同的标准导致不同的种概念划分，这也体现了数学美的有序性和数学系统的统一性。学生可以根据不同的分类标准构建不同的数学知识体系，从而更准确地把握数学概念。

（2）对数学美的理解，有利于学生掌握数学方法。数学方法的领会、掌握和运用与学生对数学美的认识和理解有着直接的联系。下面以归纳法为例，简要说明二者之间的关系。

我们把从个别或特殊概括出一般的思维过程称为归纳法。要正确掌握归纳法，必须善于抽象概括，善于对纷繁杂乱的个别事物进行统一，在个性中统一出共性，在多样性和偶然性中抽象出普遍性和必然性，这就需要对数学美的统一性、抽象性等有较为深入的理解和把握。而在运用归纳的思想方法时，又会反过来促使学生加深对数学美的感受和体会。作为归纳法中的一种重要形式，数学归纳法本身就是数学美的有序性、统一性和奇异性的集中表现，是数学美多种美学因素的结晶。

其他的思想方法，如分类、公理化、模型化等，也都涉及有序、统一、对称、奇异等美学因素。因此要掌握好上述各种数学方法，深入理解数学美是必不可少的条件之一。

（3）对数学美的理解，有利于学生构建系统性的数学知识体系。构建系统性的数学知识体系是衡量数学学习质量的关键标准。要将书本上的数学知识转化为学习者的数学素养和能力，基本要求是将各部分数学知识融合在一起，形成紧密相连、有序统一的数学知识结构。数学美学特征在此起到了一种黏合剂的作用。

系统性的数学知识体系由严密的数学理论体系和活跃的综合数学能力所组成。各种数学教材都对数学理论体系进行了良好的编排和组织，对各类公理化系统进行了不同程度的介绍和展示。只要学生能够循序渐进、扎实学习，便能掌握这些知识。然而，提高综合数学能力较为困难，这要求学生将所学理论和方法融入一个精确构建的高速运作网络，以便随时调用。知识与知识、方法与方法之间应相互融通、互通有无，从而能够举一反三。培养这种能力需要勤奋学习和对数学美的深刻理解，尤其是对数学知识中包含的统一美和有序美的领悟。这要求学生在日常数学学习中善于进行系统性的反思和总结，善于在知识间进行正向、反向、横向和纵向的有序拓展，善于用动态变化的观点看待和处理所学理论和方法，追求多解一题、多用一题，活学活用，从而不断提高抽象、概括、综合归纳、联想和类比等能力。

## 四、数学精神

精神是人们在实践中通过物质与意识活动反复互动而逐步形成和发展的一

种内在力量。具有积极向上精神的人能获得前进的动力和能量。数学精神作为数学文化的珍贵财富，主要体现为人脑在数学研究活动中对数学世界的反映所展现的活力，它对完善人的思想品质具有重要价值。数学精神包括数学理性精神、数学求真精神和数学创新精神等。

### （一）数学理性精神

理性认识是通过思维能力对感性材料进行抽象、概括、分析和综合，以形成概念、判断或推理。重视理性认识活动并寻求事物的本质、规律及内部联系的精神被称为理性精神。

数学理性精神作为数学精神的核心具有以下特点：首先，它寻求完全确定且完全可靠的知识，除逻辑要求和实践检验外，其他均无价值；其次，它不断追求最简单、最深刻、超越人类感官范围的宇宙根本；最后，它既研究宇宙规律，也研究自身，发挥自己力量的同时，研究自己的局限性，不断反思、批判自己，从而开辟前进道路。数学本质要求在研究对象时，思考对象的存在方式；在研究“可能性”时，也研究“不可能性”；在构建公理系统时，追问其相容性、独立性和完备性；在进行严格推理时，面对悖论和“不可判定”的问题，尤其是在表面看似无问题的地方，更应深挖问题。

数学理性精神对人类精神生活产生了深远影响，它能弘扬探索精神，促进思想解放，提升和丰富人类整体精神水平。从这个意义上说，数学让人变得更完整、更丰富、更有力量。因此，可以预见，数学理性精神的教育将使学生认识到理性的力量，增强学生运用思维推理取得成功的信心和面对失败的承受力。提高思维的严谨性、抽象性、概括性、深刻性、探索性和反省的品格，可以使人头脑更清醒、行为更文明（知道什么不能干），使人能更好地与自然和谐共处。

### （二）数学求真精神

人们把追求真理的不懈精神称为求真精神。真理是人们在社会实践中对主客观事物及其规律形成的正确认识。掌握真理使人类能在世界中自立并与自然和谐共生。因此，追求真理是科学的关键目标，求真精神是数学工作者的宝贵品质。

数学求真精神能激发人们勇于追求和坚守真理的信心与勇气。数学求真精神培养人们独立发现问题、思考问题和解决问题的习惯，使人们勇敢面对困难，不向挫折屈服；教育人们客观公正地看待一切，不盲从经验，不迷信权威，不随波逐流。这种求真精神是一种独特的文化，使学生不仅学会求知、钻研、思考，还学会做人、用数学修身。

#### （三）数学创新精神

创新精神是针对新情况，通过探索寻找新思路、解决新问题、创立新理论的精神。创新是科学的本质，也是社会发展的原动力。数学创新事例丰富，创新实践对外部条件要求较低，创新成果易于呈现，因此，通过数学培养学生的创新精神是一种高效途径。数学创新精神的培养，能够使学生克服盲目追随书本、师长和照抄、照搬的习惯，提高学生主动探索研究问题的能力，增强学生思维的创新性、广泛性、流畅性和灵活性。

## 第三节　数学文化融入大学数学教学的原则与策略

### 一、数学文化融入大学数学教学的原则

#### （一）适当性原则

适当性是指教师在教学设计时，应将数学文化作为明确目标，融入教学的整体设计。此时主要关注两个问题：数学文化材料的适当性和呈现时机的适当性。

关注数学文化材料的适当性，意味着在选择材料时，应基于课堂学习内容、学生的认知基础（包括知识和能力基础）以及学生的经验基础（包括生活经验和学习经验）。为了在实现教学目标的同时渗透数学文化，教师在选择与教学内容相关的数学文化时，应重点考虑学生的基本情况，使其易于理解和消化，并与学生的年龄和认知水平相适应。

关注呈现时机的适当性，是指在确定材料后，其展示必须基于教学过程的

整体安排、材料与学习内容的关联程度，并力求在关键时刻帮助学生顿悟，开拓思路。在适当的时机和环节融入这些内容，能确保课堂数学自然流畅，从而从根本上提升教学效果。

融入数学文化的教学不仅为了活跃课堂氛围，更应根据教学需求，在满足学生认知和需求的前提下，选择合适的数学文化内容进行融合和整合。一方面，数学文化材料的选择应真实、有实际意义，不能胡编乱造，并且要不断更新；另一方面，根据课堂环节设计需求，数学文化内容的呈现应具有层次感和弹性，以便将数学文化自然地融入教学。

### （二）指向性原则

指向性是指教师在选择数学文化内容时，应针对特定的教学内容或主题，精确挑选适当的数学文化素材进行教学。

由于数学文化领域广泛，且分类并非简单的逻辑划分，同一主题通常可以展示数学文化的不同方面，出现交叉。例如，对称图形展示了数学之美，但实际上也体现了数学应用。面对众多素材，教师应尽量针对教学主题进行选择和渗透，强调与教学核心思想和意图相关的方面，展示明确的教学脉络。同样，同一主题在不同背景下，应选择一个角度进行重点阐述。这将使主题表达更深入，素材运用更恰当。

### （三）趣味性原则

趣味性是指教学应强调激发学生的好奇心，从而调动学生的参与积极性，形成良好的氛围，并直接提高学生课堂参与度。

数学文化融入大学数学教学时，一方面要改变学生对数学的偏见，提升趣味性，使学生注意力集中并愿意接受数学学习；另一方面要改变学生被动学习的状况，使学生心情愉悦，从而在身心充满活力的状态下，提高理解和记忆能力。

### （四）思想性原则

思想性是指教学应关注数学文化中的数学思想体系，努力剖析教学内容背后的数学思想。

显然，过多地运用数学史或数学典故可能导致数学课堂变为历史课或故事会。在有限的时间内，教师更应确保课堂中数学思想和方法的体验与熏陶。保证教学过程的思维性，不仅是数学教学目标，还能从根本上提升学生对学科知识的深刻感悟，揭示问题的本质特征。

### （五）多样性原则

多样性是指教学应采用课堂教学与课外指导相结合的方式，将数学文化融入教学，证明数学并非僵化的格式和计算操作，而是丰富实用的科学。

将数学文化融入教学，会对学生产生潜移默化的影响。然而，由于课堂容量有限，课堂拓展到课外实践指导可以更好地体现内容的广泛性、形式的多样性，也能提升教学的丰富性和可能性。

## 二、数学文化融入大学数学教学的策略

数学文化融入大学数学教学，需基于其教学特征、教学内容和学生实际情况，关注教学目标设计和实施环节，力求在每堂课中都体现数学文化，让学生感受文化氛围，了解数学知识和原理的发展脉络，培养文化修养；强调过程，重现知识形成过程，拒绝以结论为核心传授知识。

### （一）在大学数学教学目标设计中融入数学文化

数学学科的教学目标，简言之，是指导教学活动（应如何进行）需达到的成果（达到何种程度）。教学目标为教学活动提供方向，是师生行为的依据及课堂行为的评价标准。笔者力求在大学数学教学目标设计中整合数学文化的科学性和有效性，从三维目标出发，说明教学目标设计中融入数学文化的方法。

1. 知识与技能目标的设计策略

数学学科的知识与技能是人们在某种情感态度与价值观的激励下，利用数学手段和方法，将思维发展过程融合并建构而成的产物。这是一个复杂的过程。

将数学文化融入大学数学教学，应重视学生的核心地位，非以知识习得为首要，应让学生在理解和认识文化的同时，自然而深刻地掌握知识。在教学过程中，教师需设立问题，让学生在探究过程中获得相应的基础知识和基本技能，

并解决现有问题。

因此，在设计知识与技能目标时，教师需从整体角度出发，全面了解知识的起源脉络和文化内涵，根据设定的培养目标，挖掘适当的文化元素进行设计，使学生在文化熏陶中掌握知识、习得技能。

2. 过程与方法目标的设计策略

过程与方法目标关注学生在习得知识、技能过程中应如何实践，属于程序性目标。教师通常从两个方面（经历了什么过程、体验到什么）和三个层次（实践中学习、学习中实践、反思）进行考量。

在融合数学文化的教学中，教师应更注重引导学生在知识体系的基础上进行富有活力、创造意义的思考，而非仅是知识的传递和记忆。教师关注学生在实践中学习、在学习中实践，并引导他们及时反思，这不仅有助于学生知识和技能的消化和巩固，还能为培养学生良好的情感、端正态度以及树立积极的价值观奠定基础。

在设计过程与方法目标时，教师需关注学生的认知经验，同时需强调数学化，着力在数学学科的形式化需求下，基于社会文化背景，保持与学生实际生活的联系，寻求突破。

将数学文化融合大学数学教学，教师必须合理运用相关材料，引导学生在数学文化营造的情境中感知知识与方法的形成和发展，掌握数学能力和思想，并能恰当地运用这些知识与方法、能力和思想解决问题。

3. 情感态度与价值观目标的设计策略

情感态度与价值观涉及学生在学习过程中的感受和体验，包括每堂课的情感体验、学习数学后的生活态度和学习态度以及价值观的形成和变化。

在数学文化融入大学数学课堂教学的过程中，习得知识与技能、经历过程、掌握方法旨在促进良好情感和态度的形成以及树立积极的价值观。教师应强调数学学科内容的文化价值，强调知识建构过程中体现的数学精神，引导学生感受数学发展的不易，并培养学生欣赏数学的视角。

因此，设计情感态度与价值观目标应遵循以人为本的理念，强调人文价值的引导和探索，力求激发学生的学习兴趣，唤起并巩固学生对数学和科学价值观的热爱。在技能、思想与情感态度价值观建立内在联系后，即使学生忘记了数学知识，也仍然具备数学人特有的思想和精神，这将对社会的进步和学生未来的发展意义重大。

### （二）在大学数学教学过程中融入数学文化

1. 导入环节

数学既源于生活又服务于生活，大学数学具有较高的抽象性和概括性，每个概念和方法的形成都有特定的背景和过程。将数学文化融入知识导入阶段，不仅能自然地提出课题，让学生了解学习材料的起源和演变过程，还能让学生在文化环境中对数学产生不同感受，激发学生对数学的崇敬，从而促进学生文化素养的提升。

教师在设计知识导入阶段时，可以从以下两个方面进行思考。

一是重构历史问题，发掘素材的文化价值。通过数学典故和数学概念的起源，引导学生追溯历史，提高学生的文化素养。

二是对实际问题进行抽象提炼，加强与生活实例的联系。引导学生从身边挖掘数学学习材料，抽象出知识和概念，感知数学概念的本质属性，同时让他们体会数学应用的广泛性。

无论从哪个方面出发，教师都需要善于整合资源，利用学生现有的认知结构，找寻新旧概念间的联系，引发学生的经验冲突，通过问题驱动方式，使学生在解决问题的过程中发现数学概念，引导学生重现概念发现之路。

2. 知识形成环节

在融入数学文化的大学数学教学中，知识的形成过程实际上是数学思维方法、学生数学化思维以及学生感受文化和美的过程。

一般情况下，大学学习的数学知识会在学生经历一段社会生活后逐渐被遗忘。因此，教师在教学中仅强调知识与技能的习得是不够的，更重要的是培养学生用数学化的方式理解问题。当掌握了数学化理解问题的能力后，学生能够学会学习技巧，用数学视角看世界，并学会用数学思维面对生活。

在融入数学文化的大学课堂中，教师可以运用以下两种方法设计知识形成环节：

一是采用历史相似性原则。让学生回顾数学学科发展的重要阶段，由他们亲自去发现那些需要掌握的知识内容。引导学生顺利进行这种再创造活动是数学教师的职责。教师需要充分了解教学任务的数学史背景，善于整合资源，把握数学课堂节奏与重难点，结合学生认知特点和表现逐步推进教学，使学生在学习过程中感悟数学精神。

二是以应用为基础，引导学生对材料进行数学化理解，逐步抽象出知识的本质属性。经过必要的类比、抽象，学生能够体会到数学来源真实，与生活紧密相关。这要求教师有较好的教学技巧和善于提问的能力，根据不同的内容抓住关键环节，帮助学生突破难点，跨越认知障碍。这样，学生能够在形成认知的同时，提升数学学习能力，领会数学抽象的意义。

3. 知识应用环节

每个人在学习数学的过程中都有自己的认知基础，包括数学认知能力和对数学规律的观念，这些都会对他们的认知产生影响。学生需要自行将知识转化为个人的认知结构，数学应用则为学生提供了一个将数学知识与自身数学认识基础相互联系并整合的平台和媒介。

将数学文化融入大学数学教学，应着力提高学生的应用意识，使他们有意识地将知识转化并付诸实践，从而在这个过程中提高数学能力。应用有两个方面：首先，摆脱单一章节限制，综观全局，利用螺旋式知识框架重新整合知识并建立新的联系；其次，打破学科界限，将数学知识应用于各个学科领域，包括自然科学和人文科学，让学生在联系拓展中完善知识结构，感悟数学本质，达到更高层次的数学理解。

教师应围绕教学任务，突破教材和学科限制，在尊重逻辑结构的基础上，兼顾学生心理发展、情感领域与认知领域的整合，为综合实践创造机会。

4. 知识提升环节

在课堂上，知识提升主要通过课堂小结和作业布置实现，旨在承接过去，启迪未来：一方面，帮助学生整理课堂内容，消除疑惑，深入理解知识，剖析内核，并加强练习；另一方面，留下问题，激发思考，在基础稳固的前提下，激励学生更深入地学习探究。

在融入数学文化的课堂中，知识提升关注回顾与总结、联系与整合、创新与发展、精练与留疑。教师可运用多种形式实现这些目标，如诗歌小结、图画小结、数学游戏小结等，既不流于形式，也因教学内容而选择合适的总结方式，以提高知识提升的效果。

总之，教师应指导学生学习总结回顾方法，培养学生敢于质疑、善于思考的态度，帮助学生建立知识间的联系。通过课外作业布置延续课堂思考，使学生思考不停歇、思路不间断，从而激发学生更深层的求知欲望和探索兴趣。

### （三）在大学数学教学评价中融入数学文化

一个科学、合理和开放的教学评价体系对于课堂教学的有效实施至关重要，也是衡量学生学习成果的关键指标。学生是数学文化形成的主体，教师在此过程中担任组织者、引导者的角色。然而，从我国大学数学教学现状来看，教学评价主体仅包括教师，学生的疑虑和意见并未得到充分考虑。这种单方面评价可能导致教师承受巨大的教学压力，同时无法全面评估学生的学习成果，从而限制了数学文化在学生心智中的深入渗透。

在素质教育背景下，为了促进数学文化在数学教学中的融入，教师应改变传统评价模式，关注不应限于数学知识的评价，还应拓展教学评价内容，延伸至学生的精神和文化层面，以便对学生进行更全面、客观的评估。在评价学生的学习成果时，教师应观察学生利用数学思维分析和解决问题的能力，借助多维度评价方法，真正推动数学文化与数学知识的融合。

### （四）在专业背景中融入数学文化

在大学专业教育中，数学并非孤立存在的，而是与其他专业课程相互联系，为学生的专业学习奠定基础。教师应结合不同大学专业背景，选择与专业背景相符的数学文化，将其融入数学知识讲解，以实现协同教学的效果。例如，针对经济管理专业学生，在讲解“指数函数”时，教师可结合专业特点，引入“复利”问题，将本金、利率、现值和终值等用数学公式连接，形成一个指数函数体系，然后，围绕这一数学问题展开延伸，使学生在复利计算过程中，结合“最大利润”问题，深入理解导数知识。对于电子类专业，教师可采用点流量测量图，促使学生在专业化数学学习中深刻理解数学知识，并有效融入与专业背景相关的数学文化，彰显数学的实用价值。

# 第四节 数学文化融入大学数学教学的案例分析

本节以大学数学“概率论与数理统计”中“概率的基本性质”为例，将数学文化融入数学教学。

## 一、教学目标

（1）借鉴研究函数的过程和方法，构建概率研究路径，通过类比长度和面积的特性来揭示概率的基本属性，体验类比思维的关键作用。

（2）通过具体实例，探讨、验证并总结概率的基本特性，感受从特殊到普遍、从具体到抽象的数学思维方式。

（3）掌握随机事件的计算规则，学会运用概率基本属性求解复杂事件的概率。

（4）通过具体实例和探究活动，感受数学与实际生活的密切联系。从多个视角切换思考，领略数学的奇妙之处，激发学习兴趣，提高逻辑推理和数学抽象等核心能力，培养创新精神和合作精神。

## 二、教学重难点

重点内容：通过古典模型来探讨和理解概率特性，掌握随机事件概率计算规则。

难点问题：推导事件概率公式，用简单事件表示复杂事件，并运用概率基本属性求解概率。

## 三、教学过程

### （一）实例引入，建立联系

师：抛掷一枚质地均匀的骰子，写出试验的样本空间，并计算下列事件的概率。

（1）事件$A$：掷出的点数为4；

（2）事件 $B$：掷出的点数为偶数。

生：试验的样本空间 $\Omega=\{1,2,3,4,5,6\}$；$A=\{4\}$；$P(A)=\frac{1}{6}$；$B=\{2,4,6\}$，$P(B)=\frac{1}{2}$。

师：还有其他不同的答案吗？换言之，在此随机试验中的任意一个随机事件都有一个唯一确定的概率值与其相对应。那么这个随机事件所表现出的特点与我们以前学过的哪些知识相似呢？

生：函数。

设计意图：通过学生熟悉的例子，加强学生用样本点表示随机事件的能力。同时，引导学生发现并总结随机试验中随机事件的特点，建立新旧知识之间的联系，让学生回顾中学阶段学习的函数定义和研究过程，为接下来运用类比方法研究概率性质做好准备。

师：因此我们自然会想到，可以借鉴函数研究的过程和方法来探讨概率。那么同学们思考一下，在中学学习函数时，我们采用了哪些方法来研究函数的性质？研究了哪些具体性质？（以指数函数为例）

师生活动：学生回答，教师补充、总结归纳。

研究过程：给出指数函数的定义→明确表示方式（数：解析式；形：函数图像）→观察函数图像→归纳性质。

研究内容：指数函数的定义域、值域、特殊点、单调性、奇偶性。

师：这节课我们就类比函数性质的研究过程，从概率的定义出发，一起来研究概率的基本性质。你认为可以从哪些方面来研究概率的性质？

师生活动：在教师的引导下，学生通过类比函数性质，尝试提出概率性质的研究内容，教师给予评价和补充。

生：随机事件的范围；概率的取值范围；特殊事件的概率；事件有某些特殊关系时，它们概率之间的关系；等等。

设计意图：让学生回顾函数性质的研究过程，通过类比，发现并提出研究概率性质的方法和内容，揭示本课程的学习主题，体验类比思维方法。

### （二）合作交流，探究新知

师生活动：学生回顾之前学习过的概率的相关定义，教师引导学生从概率的定义出发，并根据常识，发现概率的几条性质。

由概率的定义可知：

（1）对任何事件 $A$，它的概率都是非负的，所以有 $P(A) \geq 0$。

（2）在每次试验中，必然事件一定发生，不可能事件一定不会发生，所以有 $P(\Omega)=1$，$P(\Phi)=0$。

设计意图：从概率的定义和常识出发，发现概率的基本性质。

师：在先前的课程中，我们研究了事件间的某些关系及其运算。那么，我们自然会想到，具有这些关系的事件，它们之间的概率是否也存在某种联系？（提示学生可以类比积分的可加性，猜测概率也具有可加性）下面我们就通过两个具体实例一起来探究。

探究 1：从分别写有 1~10 的 10 张质地、大小等完全相同的卡片中随机抽取一张，用集合形式写出试验的样本空间及下列各事件，并计算各事件发生的概率。

（1）事件 $A$：抽到卡片上的数字不大于 10。

（2）事件 $B$：抽到卡片上的数字为 0。

（3）事件 $C$：抽到卡片上的数字小于 5。事件 $D$：抽到卡片上的数字小于 8。

（4）事件 $E$：抽到卡片上的数字为 1。事件 $F$：抽到卡片上的数字为 2。事件 $G$：抽到卡片上的数字小于 3。

（5）事件 $H$：抽到卡片上的数字为偶数。事件 $I$：抽到卡片上的数字为奇数。

（6）事件 $J$：抽到卡片上的数字小于 4。事件 $K$：抽到卡片上的数字大于 2 小于 9。事件 $L$：抽到卡片上的数字等于 3。事件 $M$：抽到卡片上的数字小于 9。

探究 2：一个袋子中装有 4 个质地、大小完全相同的球，包括 2 个白色球（标号为 1 和 2），2 个黑色球（标号为 3 和 4），从袋中不放回地依次随机摸出 2 个球。用集合形式写出试验的样本空间及下列各事件，并计算各事件发生的概率。

（1）事件 $A$：第一次摸到白色球或黑色球。

（2）事件 $B$：第一次摸到红色球。

（3）事件 $C$：第一次摸到白色球。事件 $D$：两次都摸到白色球。

（4）事件 $E$：两次都摸到白色球。事件 $F$：两次都摸到黑色球。事件 $G$：两次摸到的球颜色相同。

（5）事件 $H$：两次摸到的球颜色不同。

（6）事件 $I$：第一次摸到黑色球。事件 $J$：第二次摸到黑色球。事件 $K$：两次都摸到黑色球。事件 $L$：两次摸到的球中有黑色球。

师生活动：教师将班级学生分为两组，一组学生完成探究 1，另一组学生完成探究 2。学生之间相互合作，通过（1）～（3）问体会概率的基本性质 1 与 2，通过（4）～（6）问探究当事件之间存在某种关系时，它们的概率之间存在的关系。在解答问题的过程中发现、总结、归纳出结论，并填写活动记录表。接着，派代表上台展示成果，教师适时评价，并完善结论，适时讲解、总结解决问题过程中应用的数学思维方法。

设计意图：通过两个具体的古典概型案例，从概率的古典概型出发，让学生在自主、合作的探究活动中，发现并验证概率的基本性质，同时让学生代表上台展示，培养学生归纳总结能力和表达能力。

### （三）归纳总结，形成结论

活动登记表：

（1）类比函数性质，发现和提出概率性质（表 5–1）。

**表 5–1　函数性质与概率性质的类比**

| 函数 $y=f(x)$ 的性质 | 概率 $P(A)$ 的性质 |
| --- | --- |
| 定义域：$x$ 的取值范围 $D$ | 事件 $A$ 的取值范围 ___ |
| 值域：$f(x)$ 的取值范围 | $P(A)$ 的取值范围 ___ |
| 特殊点的取值：如对于 $y=ax$，（$a>0$，$a\neq1$），$a^0=1$ | 特殊事件的概率：$P(\Omega)=$___，$P(\Phi)=$___ |

（2）如果事件 $A$ 与事件 $B$ 互斥（图 5–3），那么 ________。

推广到多个互斥事件：$P\left(A_1 \cup A_2 \cup \cdots \cup A_m\right)=$ ________。

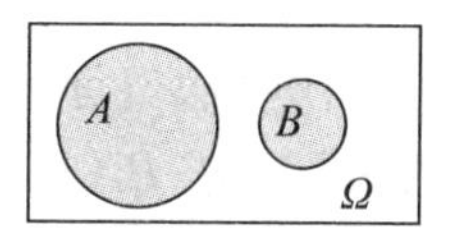


**图 5–3　事件 $A$ 与事件 $B$ 互斥示例**

（3）如果事件 $A$ 与事件 $B$ 互为对立事件（图 5–4），那么 $P(A)=$___，$P(B)=$___。

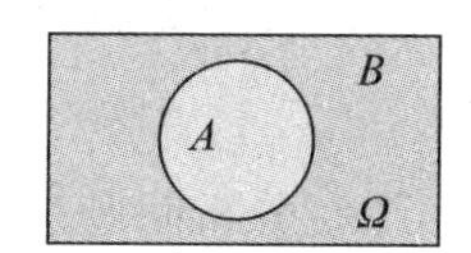


**图 5–4　事件 $A$ 与事件 $B$ 互为对立事件示例**

（4）如果 $A \subseteq B$（图 5–5），那么 ________。

推论：对于任意事件 $A$，因为 $\Phi \subseteq A \subseteq \Omega$，所以 ________。

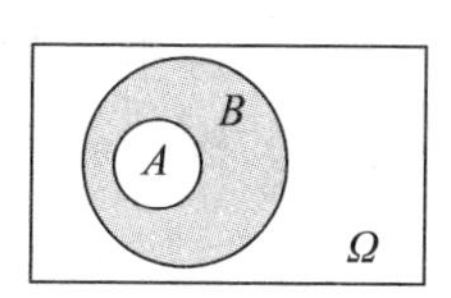


**图 5–5　$A \subseteq B$ 示例**

（5）设 $A$，$B$ 是一个随机试验中的两个事件（图 5–6），有 $P(A \cup B)=$________。

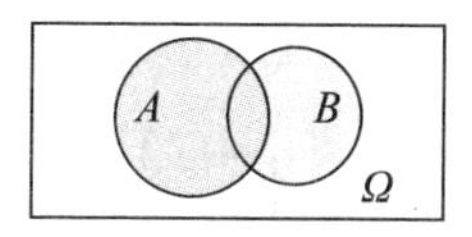


**图 5–6　随机事件 $A$，$B$ 示例**

设计意图：让学生在自主探究、合作交流中亲身体验知识的形成过程，通过类比和 Venn 图让学生建立起新旧知识之间的联系，加深理解和记忆，体会数学思维方法在数学学习中的重要作用。通过由特殊到一般的推理，提高学生归纳的能力，培养学生数学抽象、逻辑推理、数学建模的数学核心素养。

### （四）巩固升华，拓展思维

例 1：从一副不含大小王的 52 张扑克牌中随机抽取一张，设事件 $A$=“抽到红心”，事件 $B$=“抽到方片”，已知 $P(A)=P(B)=\frac{1}{4}$，则

（1）事件 $C$=“抽到红花色牌”，求 $P(C)$。

（2）事件 $D$=“抽到黑花色牌”，求 $P(D)$。

设计意图：通过一道基础题，让学生加深对概率基本性质的理解，体会概率基本性质在解题中的应用，巩固所学知识。

例 2：某种饮料每箱装有 6 瓶，其中 2 瓶有奖。若小伟随机购买 2 瓶，则他中奖的概率为多少？

设计意图：让学生明白树形图在分析问题过程中的作用，借助树形图这个工具，从实际问题中抽象出数学模型，厘清思路，合理设置简单事件，通过多种思考方法，将复杂事件用不同简单事件的运算表示，进而应用概率的基本性质将求复杂事件的概率转化为求解简单事件的概率，培养学生的发散思维，提高学生解决问题的能力。同时让学生体会概率基本性质在现实生活中的应用，落实数学建模、数学抽象、逻辑推理的核心素养，激发学生主动学习的动机。

### （五）练习

如图 5–7 所示，一个电路中有 a、b、c、d 四个电器元件，如果每个电器元件正常的概率均为$\frac{1}{2}$，那么这个电路通路的概率为多少？

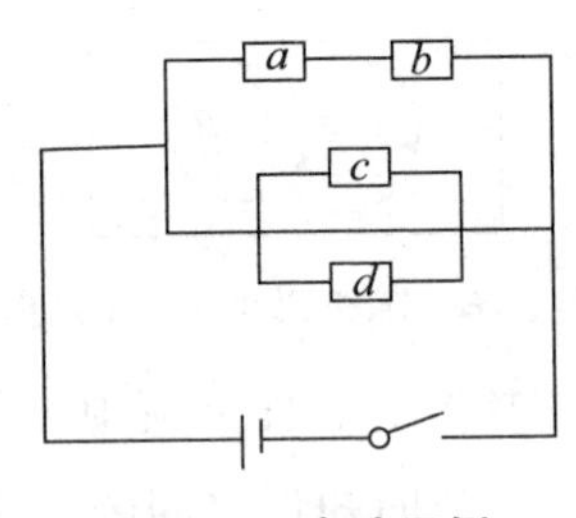


**图 5–7 电路示例**

设计意图：通过练习，让学生巩固用列举法写出样本空间和样本点，加深学生对概率基本性质的理解与应用，培养学生数学抽象素养。同时，扩大学生知识面，让学生了解数学知识在物理中的应用，体会数学的应用价值。

### （六）小结

（1）本节课我们学习了概率的哪些基本性质？是如何研究的？体现了哪些数学思想方法？

（2）通过这节课的学习，你有哪些收获？

设计意图：通过小结，让学生回顾概率的基本性质的研究方法，学习其中蕴含的数学思想和方法，让学生通过反思，更加系统地认识概率的基本性质。

## 四、案例评析

本教学设计主要采用类比归纳思想，帮助学生更自然地在探究过程中发现概率的基本特性，并通过具体的古典概率模型实例验证和总结普遍结论。首先，通过一个实例，揭示随机事件与其概率之间的一对一关系，然后联系以前学过的函数知识，建立新旧知识之间的联系，借鉴研究函数性质的过程和方法来探讨概率的某些特性。此外，教师还可以从事件的基本关系出发，运用 Venn 图，发现概率的可加性，应用数形结合思想导出概率的加法公式。接着，利用具体的古典概率模型实例，验证发现的概率基本特性，并得出结论。最后，通过一些具有实际背景的实例，帮助学生更好地理解概率特性，掌握随机事件概率的计算规则。同时，在例题讲解中，介绍树形图、列表等简便的概率计算方法，并运用概率基本特性，将求解复杂事件概率问题转换为求几个简单事件的概率问题，突破难点。

在本教学设计中，数学思维方法始终贯穿始终。教师的教学目标不仅是让学生掌握课程的内容——概率的基本性质，更重要的是通过教学，使学生体会到其中的数学思维方法，以便在未来的学习中和解决问题时能够自觉应用，实现举一反三，感受数学文化的价值和魅力。

# 第六章　数学思维及其影响因素

## 第一节　思维与数学思维

### 一、思维

#### （一）思维的概念及特征

从心理学角度看，思维是人脑对客观世界概括性和间接性的反映，是人脑对客观事物所具有的特点及事物间相互关系的反映过程。[①] 换言之，人类能够首先对客观事物的某些属性形成感性认识，接着利用现有的知识与经验，有意识地分析、整合、比较进入大脑的信息，借助语言和行为等手段，从客观事物的外在表现中抽象提炼出其内在本质和规律。

实践活动是思维的根本，人类思维包含两个关键特点。

1. 概括性

思维的概括性包含两个方面：首先，从大量客观事物中剔除个别特征，找到一些事物特有的共性，将其归为一个类别，从而理解这类事物的根本属性；其次，从部分事物的相互关联中发现普遍和必然的联系，并能将这种联系扩展应用到类似现象中。举个例子，在高校数学教学中，教师在讲授新概念、定理或规则之后，通常会准备一些课堂练习以帮助学生更容易地理解这些知识。为了实现练习效果，教师需要运用高度概括的思维能力，从众多习题中筛选与新知识匹配的题目。学生在分析、解答这类题目的过程中，通过不断反思总结出所涉及知识的数学思想和方法，从而更深入地理解和认识所学内容，并能将所

① 徐泽贵．数学解题思维与能力培养研究 [M]. 长春：吉林人民出版社，2020：1.

学知识和方法应用到新问题的解决中。

2. 间接性

人的感觉器官仅能感知客观事物的表面特性，要深入掌握其内在属性和规律，需要借助大脑储存的知识与经验进行分析，有时还需以其他事物为中介来反映这些内在属性和规律。例如，在教学过程中，教师经常通过让学生解决一系列数学问题来间接展示数学概念、定理和规则的本质属性。

### （二）思维的基本规律

思维科学领域的研究表明，人类思维对客观事物变化和发展的反映遵从两个基本规律：思维相似律和反映同一律。

1. 思维相似律

思维相似律指的是客观事物发展过程中相似现象在思维过程中表现出相似的反映。这是人类思维反映客观事物变化和发展所遵循的一个基本规律。在数学思维方面，思维相似律有助于知识的有效迁移，是学习新知识的关键指导思想：数学思维中普遍存在着从不同中寻找共性、从相同中辨识差异的比较和分析过程。

数学知识中有许多相似形式，如几何相似、关系相似、结构相似、方法相似和命题相似等。例如，直角三角形的勾股定理和长方体中的三度平方和定理的公式结构形式相似。在数学教学中，教师常常利用这种相似性帮助学生发现新旧知识之间的联系，以便于学生理解和记忆。

2. 反映同一律

思维中的反映同一律体现在两个方面：一方面，针对同一事物，要求把握客观事物的本质，使其与大脑中的形象保持质的一致；另一方面，针对探究客观事物的过程，在不断追求客观事物本质的过程中，大脑中不同形象变换之间也应保持质的一致。

反映同一律也是数学思维的一个基本规律。例如，数学中式的恒等变换、实际问题与数学模型之间的转换、数学命题的等价变换、数与形之间的等价转化、数学问题之间的等价化归以及数学中的变量代换法、同一法则等，特别是实际问题与数学模型之间的转换，要求数学关系必须准确反映客观事物之间的联系，所得数学结论需要接受实践检验。在数学教学过程中，最常见的命题证明问题，其思维过程实质上就是一个数学命题不断变换的过程。它通过一系列方法和手段，使命题从给定的初始状态逐步化归至所需达到的目标状态。这个变换和化归过程的关键思想是保持思维过程中目标对象的一致性。

值得强调的是，在探讨具体事物时，思维的两个基本过滤是相互渗透和共同发挥作用的。换句话说，在相似性中蕴含着同一性元素，而同一性中也包含着相似性元素。数学问题探究实际上就是持续探索思维相似性，不断运用思维同一性。

## 二、数学思维

### （一）数学思维的定义

数学思维是在与数学对象（如空间形状、数量关系、结构关系）互动的过程中，人类大脑运用特定的数学符号语言，表现出抽象和概括的特点，遵循数学内在形式和规律，对现实事物进行间接概括反映。

数学思维是思维的一个分支，因此，它也具备普通思维的基本属性。然而，由于数学知识本身的独特性，数学思维还拥有自身独有的特点，如问题导向性、严谨性和抽象性等。

### （二）数学思维的品质

思维品质实际上反映了个体思维的特点。思维品质展现了个体智力或思维水平的差异。在解决问题的教学环节中，有的学生能够深入细致地分析问题的条件和结论，快速进行联想，提出独特的观点，并给出合理的答案；而另一些学生往往只关注问题的表面现象，生硬地模仿教师的解题方法，解题过程杂乱无章、缺乏逻辑性。这正是个体思维活动中表现出的思维品质差异。思维品质包括六个方面，即思维的深刻性、灵活性、广阔性、创造性、敏捷性和批判性。它们是衡量一个人思维水平的关键指标，也是培养学生数学思维能力的基础。

1. 思维的深刻性

数学思维的深刻性主要是指个体在分析问题时对问题的理解程度和对问题

进行拓展的范围，即思维的广度和深度，以及在解决问题时展现的抽象度和逻辑能力。它是衡量个体发掘和识别事物本质的能力。拥有较强深刻性思维的学生能够在解决问题时抓住问题的核心和内在规律，推动思维活动有序而系统地进行，并擅长猜测问题的结果。数学思维的深刻性主要体现为：善于观察和研究数学对象的内在属性以及它们与相关因素之间的相互关系，能洞察矛盾的特点，从分析和解决问题中发现有价值的因素，能迅速选定并确定合理的解决方案。

2. 思维的灵活性

数学思维的灵活性是指在解决数学问题时，个体能够根据目标灵活调整自己的思维，使解题行为与解题目标相匹配，通常基于思维的多元性。思维灵活性一方面受到个体认知结构的限制，另一方面受到个体自我意识（元认知）的制约。在教学实践中，数学思维的灵活性主要表现为：面对数学问题时，个体能敏锐地察觉潜在信息，并根据信息灵活应用综合法、分析法，全面而灵活地运用各种思维方法；能从多个角度审视问题，并灵活选择合适的解决方案，能自觉比较各种解决方案的优劣，发挥优势弥补不足；能自觉地进行解题反思，运用数学内在的公理、定理或规律，发现和总结问题的本质，并能灵活迁移，以便全面、科学地理解问题；在思维结果方面，个体得到的思维结果不仅数量充足，而且具有较高质量：善于应用各种思维手段，如能自觉地将综合与分析相结合，或合理灵活地组合综合法和分析法，能根据客观条件变化随时调整思维方向等。

3. 思维的广阔性

数学思维的广阔性体现为主体在面对问题时能从多角度审视问题，较为全面地反映事物的本质特征。它不仅关注当前面临的问题，而且擅长把握事物之间的联系，考虑与问题相关的其他因素。此外，主体善于剖析问题的特点，从中发掘潜在的联系，并产生广泛的联想，拓展思维空间，具备将原问题推广为一般性情形的能力。

4. 思维的创造性

数学思维的创造性是指主体在解决问题的过程中，通过独立而严密的思考和分析，能够根据自身知识和经验，提出有一定价值且独特的思维成果（可以是问题解决的结果，也可以是解决问题的方案）。数学思维的创造性通常具有以下三个特点：一是独特性和新颖性；二是思维的发散性，即从某个核心概念出发，联想到相关知识，并整合各方面信息来得出有价值的思维成果；三是思维的新颖性，即从核心概念中提炼更多新的观念、思想，甚至相关理论等。

在教学实践中，数学思维的创造性表现为：个体能自觉地发现思维素材中研究对象之间的相互关系，并根据这些关系提出独到的见解或解决问题的方案。对于大学阶段的学生而言，思维的创造性主要体现为大学生在学习过程中善于独立思考和分析问题，准确理解或领悟某个原理或思想，并创造性地运用该原理或思想，从而找到解决问题的更优方法，并得出具有普遍意义的结论。

5. 思维的敏捷性

数学思维的敏捷性是指在解决问题时主体经历的思维过程的长度和速度，是思维品质的集中表现。具备敏捷性思维的学生，在分析和解决问题时，通常对给定材料具有高度敏感的感知能力，能从复杂的信息中快速提取对解决问题有益的信息，进行广泛的联想，提出多个可能的解决方案，果断地选择最佳方案，简捷且有效地解决问题。数学思维的敏捷性具体表现为：学生能迅速理解问题，根据过往的解题经验和认知模式判断问题的类型，快速在内在认知结构中寻找与之匹配的模式或图式，确定解决问题的方法。通常，具有敏捷性思维的学生，对曾遇到的类似问题记忆深刻、反应迅速，表现出较强的迁移能力。

6. 思维的批判性

思维的批判性是指主体在数学思维活动中能够独立地自我分析、诊断和批判。基于辩证分析思维，主体能够较为客观、严谨地评估自身面临的思维材料，细致地检查和核对自己的思维过程和结果。具备这种思维品质的学生，能较为科学、客观地评价数学对象，根据自身理解敢于提出独特的见解和相关问题，能自觉地运用各种手段对自己提出的问题和猜想进行检验并得出初步的检测结果，及时发现自己的思维错误，通过分析、归纳和推理等手段调整思维，及时纠正错误。思维的批判性是实现数学创造的前提。

总之，数学思维的各种品质相互促进和补充，有时各种品质之间并无明确界限，它们共同构建了个体独特的思维品质。

# 第二节 数学思维的类型

## 一、数学抽象思维

### （一）数学抽象思维的概念

抽象思维作为一种理性的认识过程，运用概念、判断和推理等思维方式来反映客观现实。其特点是通过分析感性材料，忽略事物的具体形象和特殊属性，揭示其本质特征，形成概念并应用概念进行判断和推理，从而对现实进行概括和间接反映。数学抽象思维，是一种以数学对象或数学内容为依据，从同类事物中提炼共性、本质属性或特点，进而形成新事物的思维过程。在数学领域，问题的提出、概念的形成、规律的确立以及理论的建立等都是数学抽象思维的产物。

### （二）数学抽象思维在教学中的作用

1. 能帮助学生理解数学本质

数学本质具有显著的抽象性，这要求学生在学习数学的过程中具备优秀的数学抽象思维能力。在课堂教学中，拥有较强抽象思维能力的学生通常能更好地领会数学概念和规则。

2. 能强化知识与课程之间的联系

数学抽象思维对数学概念和规则的学习具有重要影响。以函数概念学习为例，学生首先需要理解自变量和因变量，接着需要明确它们之间一一对应的关系。这些概念本身就极具抽象性，如果学生在一开始学习函数概念时理解不够充分，那么函数知识的纵向联系将受阻；此外，若学生对变量及其关系的理解不充分，同样会对方程学习产生负面影响，从而阻碍知识的横向联系。相反，对于抽象思维能力较强的学生而言，充分理解函数概念后，后续一系列函数学习将变得轻松。

3. 能促进创造性思维的发展

创造性思维的培养需要建立在充足的数学经验的基础上。数学经验的积累必须与实际生活紧密相连，否则创造性思维将无法落地。通过培养学生的抽象思维能力，可以帮助学生将具体事物抽象为数学模型，将实际生活情境抽象为数学理论。在这个过程中，学生逐渐积累数学经验，运用逆向思维将抽象的数学理论应用于实际生活，创造出具体的事物等。因此，抽象思维能力是创造性思维的基石。

## 二、数学形象思维

### （一）数学形象思维的概念

郭思乐等根据生理学和心理学的理论及事实，提出数学形象思维是人脑在与数学对象互动的过程中，运用比较、分析、抽象等方法，将感官获取并储存在大脑中的数学形象信息加工成反映事物共性或本质的一系列意象，以这些意象为基本单元，通过联想、类比、想象等方式，形象地反映数学对象的内在本质或规律的思维活动。[①] 显然，郭思乐等从数学形象思维产生和发展过程的角度对其进行了定义。数学形象思维活动针对数学表象，经过概括性加工后形成数学意象，最终通过数学化的语言和方式表达数学对象的本质特征。

徐国森认为数学形象思维是凭借各种形象来思考、表述和展开数学问题的思维活动，通过形象思维可以揭示数学问题的本质，从而进行创造性的数学活动。数学形象思维的形式为意象、联想与想象。[②] 从这个观点我们不难看出，数学形象思维是从意象开始，通过一系列概括与升华，发展为联想与想象的。

付海伦教授指出，数学形象思维依赖于对数学具体形象进行思考，并利用形象展开思维，与数学逻辑思维相互融合、联系。她强调，高中数学中的形象思维是通过加工整理产生的理想形象，如几何图形、函数图像、图示、图表、

---

① 郭思乐，谢瑶妮．论数学教学中形象思维的作用 [J]. 课程・教材・教法，1997（8）：28−31.

② 徐国森．数学中形象思维的形式 [J]. 数学通报，1991（12）：2.

逻辑直观图等，甚至包括个人在思考较难问题时临时构想的奇特直观表示。[①]付海伦的观点表明，数学形象思维与数学抽象思维在数学思维活动中相互联系、相互结合，呈现辩证统一的关系。基于此，付海伦进一步强调了数学形象思维在中学数学学习过程中的重要性。

周实然认为，数学形象思维是依靠“数学形象”来思考、表达以及展开数学问题的思维活动。这种思维活动需要对各种数学对象的“数学形象”进行加工与整合。数学对象不仅包括各种具体实物、图形和模型，还涵盖各种数学概念、定理、公式等。[②]通过周实然对数学形象思维的论述，我们可以得出两个方面的结论：一方面，数学形象思维活动离不开对数学对象的形象加工，这种形象加工过程往往需要逻辑思维参与；另一方面，数学形象思维活动的作用对象不限于具体实物、模型和几何图形，还包括代数方面的数学概念、定理和公式等。

综合以上理论描述，通过整理和整合，本书对数学形象思维做出定义：数学形象思维是人脑在与数学对象交互的过程中，通过典型化概括方法，对数学对象的“数学形象”进行加工与整合，借助数学逻辑语言，揭示数学对象的本质和规律的思维活动。数学形象思维作用的数学对象不限于几何表象，其范围更为广泛，包括一切具有数学特征的图形、表格、概念、定理等。

### （二）数学形象思维的特点

根据数学形象思维的概念可知，它既隶属于一般形象思维，也从属于数学思维，是形象思维与数学思维的融合体。因此，数学形象思维既具备形象思维的特点，也拥有数学思维的特点。概括地讲，数学形象思维主要具有以下两个特征。

1. 数学形象思维的形象性与直观性

数学形象思维活动以数学形象为基础，借助这些形象展开数学思维活动。数学形象不仅包括几何图形和图像，还涵盖了具有抽象意义的代数解析式、定

① 付海伦 . 数学解题中的形象思维障碍探析 [J]. 教学与管理，1997（02）：60-61.

② 周实然 . 数学形象思维及特点和形式 [J]. 贵州师范大学学报（自然科学版），1997（3）：95-99.

义、定理和公式等。数学形象思维的过程在于对这些形象进行处理和整合，通过联想和想象进行思维活动。大脑在对数学形象进行联想和想象的过程中，不断在原有形象的基础上提炼和整合出新的数学形象。因此，我们可以得出两个结论：一是数学形象思维本身的过程是对数学形象的处理和整合，具有形象性；二是数学形象思维活动的结果是在感知形象的基础上形成的更高级的形象，具有形象性。需要强调的是，这里所指的数学形象并非狭义上的"直观形象"，它在一定程度上已具有抽象特征，但又与逻辑思维的抽象性不同。在数学思维过程中，抽象性与形象性之间存在不可分割、相互渗透、对立统一的关系。

2. 数学形象思维的逻辑性

作为数学思维的一种特殊形态，数学形象思维同样具有数学思维的一般特点——逻辑性。数学形象思维是一种以表象为思维素材，通过生动的语言表达出情感色彩的思维活动。此外，抽象思维也参与形象逻辑思维的过程。数学形象思维的逻辑性主要体现在两个方面。

一方面，数学形象思维活动所涉及的对象通常是具有逻辑性的数学素材。无论是几何图形，还是数学中的定理、命题、公式、法则，抑或是数学元素，如点、线、面、集合、函数、矩阵等，都可以作为数学形象思维的作用对象。数学形象思维活动的数学材料与数学逻辑思维活动的数学材料相同，皆具有逻辑性。然而，数学形象思维与数学逻辑思维的区别在于所采用的思维活动发生方法不同。

另一方面，数学形象思维活动的过程同样具有逻辑性。数学形象思维活动反映了人脑对数学对象以及数学对象之间关系的理解，这种思维活动过程本身是具有逻辑性的。在数学思维活动中，数学形象思维受数学抽象思维和逻辑化的数学语言的指导、协作、约束与渗透，因此是一种具有逻辑性的思维过程。尽管数学形象思维的活动过程与数学逻辑思维有所不同，但数学形象思维活动过程常常需要进行概括与整合，并借助逻辑化的数学语言进行概括与表述，这种概括与整合的过程同样具有逻辑性。

### （三）数学形象思维与数学抽象思维的对立统一性

数学形象思维与数学抽象思维之间的关系体现为一种"二元互动观"，即在数学思维活动中，二者相互渗透、相互结合，交替使用。数学形象思维活动既具有形象性，又具有抽象概括性，与直观感性认识存在明显差异。数学形象思维与数学抽象思维的对立统一性主要表现在以下三个方面。

一是在数学活动中，形象与抽象元素之间存在着相互渗透和转化的紧密关系。例如，在几何学领域，点、线和面在现实生活中实际并不存在，它们是对实际物体的抽象加工。反过来，这些数学概念也可以被认为是对抽象概念的形象处理。

二是在大脑处理数学问题时，通常会根据实际情境来交替运用数学形象思维和数学抽象思维。数学形象思维作为数学思维活动的基石，在理解数学概念或解决特定数学问题的过程中，发挥着至关重要的作用。依托数学形象思维，数学逻辑思维才能运用比较、分析、归纳、演绎等方法，展开并深入解决数学难题。因此，在特定的数学环境中，数学形象思维和数学抽象思维的辩证结合对数学问题的解决至关重要，二者相互补充并发挥各自的优势。

三是数学形象思维活动的成果需要借助数学抽象思维来表达。数学形象思维活动的过程是大脑对数学图像、关系等数学材料的形象化处理，这种形象化的处理过程不同于逻辑思维的线性处理过程，它是基于多种数学形象的综合处理。这种综合性的处理过程是动态变化的，没有固定程序，具有一定程度的模糊性，因此无法完整地描述数学问题或数学对象。从这个角度看，数学形象思维具有意识形态特征，是大脑对数学形象特征的一种主观理解，尚未达到抽象描述的层次。然而，通过数学抽象思维活动，个体可以将形象思维转化为抽象思维，再借助抽象化的数学语言加以表达，从而完成数学形象思维的抽象表达。

### （四）数学形象思维具有创造性

数学形象思维活动的创造性主要体现在以下两个方面。

一方面，数学形象思维活动的成果具有一定的创造性。在数学形象思维活动中，个体往往基于现有的数学形象，通过归纳和整合，形成新的数学形象。换言之，数学形象思维活动的成果呈现创造性。例如，在中国古代魏晋南北朝时期，杰出数学家刘徽发明了割圆术。当时，极限理论尚未出现，刘徽正是凭借数学想象的创造性创立了割圆术。

另一方面，数学形象思维活动过程具有一定的跳跃性。数学形象思维活动过程不完全遵循常规逻辑规则。尽管数学形象思维过程在一定程度上具有逻辑性的分析和整合，但这种逻辑性往往带有一定的跳跃性。这种思维的跳跃性能激发新的数学认知，从而发挥创造作用。数学思维活动过程的跳跃性和不确定性使得数学形象思维活动的成果往往具有创造性和猜测性。

### （五）数学形象思维的构成形式

1. 数学表象

数学表象是通过运用数学逻辑思维活动和典型化的概括手段加工而成的数学形象。换句话说，数学表象是人脑从具体数学形象中，通过对其形式结构特征进行概括而得到的观念性形象，具有逻辑性和抽象性。数学表象的基础可以是实际事物，也可以是各种几何图形、代数表达式、数学符号、数学图像、数学图表等。

2. 数学直感

直感是运用表象对具体事物的直接判断和感知。数学直感是在数学表象的基础上对相关数学形象特征的判断。可以看出，数学直感思维活动过程是对数学表象的判断识别过程，是数学形象思维活动不可或缺的环节和步骤。培养和训练数学直感思维，前提是在头脑中形成丰富的数学表象系统，对数学表象系统进行整理和编排，对不同类型的数学表象进行明确的特征分类。

3. 数学想象

想象是在头脑中对已经存在的表象进行整合和改造，产生新的表象的思维过程。数学想象思维活动是以数学表象为基本材料，利用数学直观思维进行加工和改造，产生新的数学表象。也就是说，数学想象思维活动是数学表象思维活动和数学直感思维活动的有机结合，且比数学表象思维活动和数学直感思维活动具有更高的抽象性。数学想象思维活动的过程是运用数学形象思维进行再加工和创造的过程。

### （六）数学形象思维在教学中的作用

1. 有助于培养数学学习兴趣

数学形象思维依赖大量现实和直观的多样知识作为学习数学的根基。它使数学回归问题本身，通过形象和直观的呈现或对抽象和形式化内容的还原，让学生感受到数学与日常生活的紧密联系，感受到数学在解释和解决问题时的便捷性。这样，学生就会对数学学习产生强烈兴趣，从而使更多的学生主动参与和喜欢学习数学。只有在学生积极参与并自由发挥想象力和联想力的基础上，他们的数学形象思维能力才能得到进一步提升。

2. 有助于知识的理解与记忆

众多研究表明，采用具体形象的模型作为教学辅助工具能够帮助学生更好地吸收新知识。具体形象的模型便于学生观察，从而使他们对新知识有更深入的理解。对于高度抽象的数学概念和规则，学生往往难以领会，因此需要利用具体的模型将抽象内容转换为学生能理解和接受的形式，以便帮助他们理解和记忆。

## 三、数学逻辑思维

### （一）数学逻辑思维的概念

逻辑思维基于对事物的感性认识，通过运用概念、判断、推理等思维形式，遵从特定的逻辑规则来揭示客观事物的本质属性和规律。这种思维具有较高的抽象性、概括性、灵活性和计划性。

数学逻辑思维是具有数学特色的逻辑思维。它在数学概念的基础上，采用分析与综合、归纳与演绎等逻辑思维方法，遵循一定的逻辑规则，对客观事物的本质和规律进行推理和定义，并以数学符号和数学语言为表达形式。这是一种展现事物本质和规律的理性思维能力。

### （二）数学逻辑思维的基本形式

1. 概念

概念作为逻辑思维的基石，揭示了事物的本质特征。在数学逻辑思维中，数学概念对数量关系、空间形状和结构联系进行高度总结，发挥着至关重要的作用。数学概念体现了数学逻辑思维的确定性，涵盖数学的内在含义和范围。

2. 判断

判断建立在概念之上，是逻辑思维的深化。它是对概念间的属性或联系进行肯定或否定的一种思考方式。作为数学逻辑思维的基本方式之一，数学命题既是逻辑联系的桥梁或过渡，即推理的基础和依据，也呈现为数学逻辑思维的最后成果，与数学概念共同组成数学科学的枝叶与果实。数学命题与数学概念同样具有逻辑确定性。这种确定性表现为数学命题具有真值（真或假）。

3. 推理

推理是基于判断间的逻辑关系，从一个或多个已知判断推导出一个新的判断的思维形式。已知判断称为前提，推理得到的新判断称为结论。推理与判断相互贯通：判断的过程就是推理的过程，推理的结果就是判断的结果。数学推理的每一步都需严密论证，由一个或多个数学命题经过严格推理得出新的命题。

### （三）数学逻辑思维的方法

笔者将数学逻辑思维的方法归为以下几种。

1. 分类对比法

分类对比法也称为类比法，是一种基于两个或两类对象拥有某些相似或相同属性的事实，推导出一个或一类对象可能具有另一个或另一类对象已具有的其他属性的思维方法。其结论须通过实际实验进行验证，类比对象间共有属性越多，类比结论的可靠性越高。根据比较对象的差异，对比可分为相同类别间的对比和不同类别间的对比。

2. 分析法与综合法

分析法与综合法可以相互转化和互相渗透。综合建立在分析的基础上，而分析需要以综合为指导。换言之，分析是综合的前提，综合是分析的延伸，二者相互转化、不断循环，推动着人们认识的不断深化和发展。分析法使人们对事物的认识更深刻，但由于事物各部分被分解，容易导致忽略整体；综合法将事物各部分联系起来，从整体上认识研究对象，但可能导致认识不够深刻，过于表面化。

3. 抽象法与概括法

抽象法是从许多具有某种联系的一类事物中提取它们的共同、本质特性，舍弃非本质性特性的逻辑思维方法。具体来说，抽象是指人们在实践操作后，对获得的大量直观材料进行筛选和提炼的思维活动过程，从而形成以概念、判断、推理等思维形式存在的材料，以展示研究对象的本质属性和规律。概括法是从思维中将某些具有一定联系的事物的共有规律或本质属性进行扩展，将这些规律和本质属性应用于所有具有这类特征的个体，从而使人们对这类事物形成普遍的概念、判断和推理的思维方法。

总结以上各种逻辑思维方法，我们可以看到，在人类思维发展过程中，这些逻辑思维方法是密切相关的。因此，培养逻辑思维能力变得尤为重要。在教学过程中，教师应致力于培养学生的逻辑思维能力，尝试采用各种逻辑思维方法来加强这方面的培训。

## 四、数学直觉思维

### （一）数学直觉思维的概念

直觉作为一种普遍的心理现象和基本的思考方式，在各个领域都发挥着一定的作用。直觉思维是人类大脑的一种高级思维方式，这种思维方式基于现有的知识和经验，对问题的本质进行直接把握和洞察，而无须严密的逻辑分析，通过跳跃式的方式直接找到答案。

数学直觉思维是一种超越逻辑的思维方式，它关注数学对象或客观事物之间关系的直接洞察和整体把握。数学直觉思维以现有的数学知识结构和数学直观形象为基础。实际上，所谓的数学直觉思维就是学生在面对数学问题时，能够充分利用自己掌握的知识结构和大脑中存储的知识资源，迅速产生解决问题的思路或模式。

### （二）数学直觉思维的特点

数学直觉思维无论在生成方式、过程、结果方面还是主体方面，都展现出其独特的特点。

从生成方式看，数学直觉思维具有直接性。它是对数学事物或对象的直接把握，从整体角度思考问题，不需要烦琐的过程。这种方式有助于我们迅速解决问题。

从生成过程看，数学直觉思维具有迅速性。直觉就像是一种“瞬间的灵感”。数学直觉在已有知识经验的刺激下，瞬间产生并迅速消失。一些数学家会在散步时突然产生直觉，迅速记录下来，并经过大量验证最终得出著名的数学结论；还有一些数学家则在睡梦中产生直觉，立即起床将其记录下来。因此，在直觉产生的瞬间，我们需要抓住它，否则它可能会永远消失。

从生成结果看，数学直觉思维具有或然性。数学直觉思维属于非逻辑思维，它由一些事物激发出灵感，是对逻辑思考过程的高度简化。因此，其结果可能是正确的，也可能是错误的，需要进一步证实。无论是散步中产生的直觉还是睡梦中产生的直觉，都需经过大量的逻辑验证才能得出结论。所以，我们不能盲目地信任直觉产生的结果，它可能带来偏见和错误。直觉只提供了一个方向，其正确性仍需逻辑思维来验证。

从生成主体看，数学直觉思维具有自发性。整个直觉生成过程是思维主体自发的行为，属于无意识的思维活动。它在人脑中的运行速度非常快，不仅几乎不消耗脑力，而且不受人的意识控制。

### （三）数学直觉思维的表现形式

数学直觉思维的表现形式可分为三类：数学直觉判断、数学直觉想象和数学直觉启发。

（1）数学直觉判断。数学直觉判断在数学直觉思维中最为基本且迅速。首先，大学生能够基于现有的数学知识经验，迅速观察和辨别数学问题，获取问题的结构等信息。通过比较数学问题与他们已有数学经验的相关性，他们的大脑能迅速进行判断，识别出问题的类型、模式，然后找到解决这类问题的合理方法。在这个快速思维过程中，大学生不太可能回想起完整的思维结构。因此，他们是利用问题的本质或原理来解决问题的，即根据本质确定相应的类型，然后找到他们脑海中现有的解决方法，并尝试解决问题。

（2）数学直觉想象。当学生已有的信息不足以进行数学判断时，他们就不能迅速得出结果，因为解题信息过少或图像与符号不充分。此时，大学生需要借助数学直觉想象。数学直觉想象要求大学生通过合理的猜想进行推断。例如，当牛顿发现微分与积分关系时，他在物理学上对运动的直觉想象给予了他极大的帮助。学生可以尝试猜测，然后依据这个猜测寻找支持或反驳其猜测的证据。这些证据将协助他们判断最初的猜测是否正确，进而解决问题。这类数学想象力能够充分激发学生的大脑灵活性，可能会带来一些创新的问题解决结构，对于未来拓展解决数学问题的思维途径具有很大帮助。

（3）数学直觉启发。学生在学习数学的过程中经常会遇到让他们思考很久却无法解决的一类数学问题。然而，在某个时刻——可能是由于意外事件的引发、突然收到的信息，甚至是他人不经意间的眼神或举动，他们居然突破了问题的难题，得以顿悟。这种情况即为数学直觉启发。这类启发是无法预知的，也是难以寻求的。在科学发展的历程中，这样的启发促进了不少科学进步，如阿基米德这位著名物理学家就是在浴缸中通过这种启发领悟了排水原理，进而发现了浮力法则。

### （四）数学直觉思维的作用

频繁应用数学直觉思维来处理问题能让人们的思维变得更加敏捷，因为直觉思维不会受到逻辑思维的过多干涉。触发直觉思维的中介因素种类繁多，包括心理方面的因素和非心理方面的因素，一旦这些中介因素激发了人们的直觉思维，这种思维方式便会在大脑中长期储存。数学思维的灵活性受到思维路径数量的限制，而在单位时间内，直觉思维的路径比逻辑思维的路径要多，因此，培养直觉思维有助于提高数学思维的灵活性。

## 第三节 影响数学思维发展的智力因素

数学思维方式的生成与数学思维系统中各种元素的相互影响相关。换句话说，构成数学思维方式的要素包括数学知识基础、数学概念、数学语言、思维传统以及相应的学习方法等智力因素。鉴于数学思维形式和方法的多样性，数学思维对于形成智力工作方式的影响各有不同。从个体思维的视角来看，知识基础、观察、记忆、操作等是影响数学思维成长的主要智力因素。

## 一、知识基础与数学思维发展

数学知识基础涵盖了数学语言、数学知识结构和数学思维传统等。数学语言作为传递数学思维的工具，只有在特定的语言描述下，思维才具有意义。数学知识基础是指基本的数学原理、概念、语言表达和方法，这些知识对于新知识的学习和掌握具有重要影响。数学思维传统指在学习新知识和新方法的过程中缺乏灵活性，坚持过去的学习方式，一味延续既有的思维模式，导致大学生的学习思维不能跟随知识环境的变化而发展，表现为一种思维定式。

在数学学习过程中，原有的数学知识系统对学习心理的稳定起着关键作用。一个没有函数知识基础的人往往难以产生学习导数的兴趣或动力。同样地，若一个人仅具备四则运算能力，他也无法理解导数运算法则。因此，原有数学知识系统的塑造对个体的学习愿望、学习态度有极大影响，也限制了其数学思维的发展。因此，数学知识基础成为影响数学思维发展的首要智力因素。

在数学学习过程中，思维方式需要不断调整，以适应数学知识生成的环境。例如，学生在学习数列时，需要理解数列通项形成过程并掌握递推思维；在学习立体几何时，要明白空间概念并掌握线、面、体之间如何转化。数学知识环境能调节和完善学生个体的原有思维认知结构，打破思维定式，使其更好地适应知识学习环境。这在解决数学问题中尤为重要。数学解题是对思维结构的检验和充实，也是实践思维适应环境的要求。

在数学学习中，学生应注重知识积累与运用，具备自发积累并运用所学知识的动机，并根据知识环境自发改进思维方式。数学教学应帮助学生对知识进行有意义的积累，确保他们能理解和应用所学知识解决实际问题；要关注教学过程设计，帮助学生对新知识的生成环境有所熟悉，提高学生适应新知识的能力；要关注学生解决问题时的思维技能，提供及时的指导，引导学生经常反思，从而提高学生学习数学的积极性。

学生数学思维的基础源于日常的学习和逐步积累。在这个过程中，教师需要指导学生学习的方法、传授新知识、检查学生的学习成果，还要培养学生良好的学习习惯，使其学习更有意义。有意义学习理论认为，学习是个体主动构建知识的过程，涉及对外部信息的主动选择和处理。外部信息本身并无意义，但会在学习者的新旧知识经验间反复，在双向互动的过程中构建形成意义。这种构建基于原有经验系统，对新信息进行编码，并完善个体的理解。同时，原有知识也会因新经验的加入而进行调整和改变。因此，学习不仅是信息的简单积累，还包括新旧经验冲突引发的观念转变和结构重组。学习过程并非仅包含输入、存储和提取，还是新旧经验之间双向互动的过程。

语言是思维的外在表现形式，数学思维的实现离不开数学语言。数学语言作为存储、传递和处理数学知识的载体，常以表述和记录数学知识的形式出现，成为数学知识呈现的窗口。数学语言将数学思维的成果通过词汇、符号及其语句呈现出来。没有数学语言，思维将无法存在。①

在思维过程中，语言与思维密切相关。复杂的思维需要更高级别的语言来表达，对运用语言的能力要求也更高；而语言与思维同样密不可分，丰富的语言能够激发更多的思维活动。

在数学学习过程中，数学语言与数学思维始终紧密相连。例如，当一个动点与固定点以及固定直线的距离相等时，该动点的轨迹形成一条抛物线。利用数学思维分析这个数学问题时，可利用笛卡儿平面来求解该轨迹方程。设定点为 $F$，定直线为 $l$，过点 $F$ 作直线 $k \perp l$ 于 $E$，取 $EF$ 的中点为坐标原点，以直线 $EF$ 为 $x$ 轴，设动点 $P$ 到直线 $l$ 的距离为 $d$，则 $|MF|=d$。因此，我们可以得出结论：动点的变化关系可通过数学语言描述的思维过程推导出来。数学不仅仅是一种基于经验积累的特殊知识分支，更应被视为一种对普通语言进行精确化表达的方式，即为普通语言提供了表示特定关系的适当工具。

一定的语言能力对应一定的思维能力，这主要体现在三个方面。一是数学语言有助于提高数学思维的确定性。与自然语言中的陈述语句相比，数学语言（特别是符号语言）具有更高的明确性和准确性，因此使用数学语言有助于确保数学思维的确定性。二是数学语言有助于提高数学思维的抽象性。数学语言是对具体数学对象本质的描述，具有简洁、精确和确定的特点。因此，数学语言增强了数学思维的抽象性和概括性。三是数学语言有助于提高数学思维的质量和效果。在解答习题、阐述观点和思考问题时，学生会自觉或不自觉地使用

① 郑年春，史天勤，肖强烈．数学思维方法 [M]. 大连：大连海运学院出版社，1990：164.

数学语言，以提高语言描述的准确性和科学性。这种语言和思维的可比性促进了思维质量和效果的提升。

传统思维通常表现为思维定式，在类似的情境下有助于解决问题。但是，数学学习并非简单地遵循知识和方法的固定格式。学习知识和技能的形成都是一个不断变化的过程，其间，学生在教师引导下进行有意义的学习。为了让学生积累更多的经验，教师会持续调整和改进学习环境，使学生能适应不同的学习环境，不断积累知识和提升能力。因此，在知识和思维迁移的过程中，学生需要掌握知识和形成能力。在新的学习环境中，传统思维只有通过主动改革和迁移，才能得到适当的发展。

## 二、观察与数学思维发展

观察是感知的独特形式，也是个体了解问题的开端。观察是思维的入口，缺乏观察或观察不足都将对思维素质的培养和数学学习成果产生不利影响。然而，观察并非简单或随意的行为，它总是具有持久性、目的性和预见性，包含积极的思维活动过程。观察能力可以反映一个人的智力水平，对实际操作的成功也具有重要意义。

数学新知识的学习始于面对新的数学对象，其信息直接来自这些对象。借助观察激活思维，理解新数学对象产生的环境，适时调整原有的思维结构，有利于在思维中存储新知识的有效信息。能否迅速且准确地发现数学对象的所有信息，并合理安排学习的思维方式，成为掌握新知识的关键。如果能精确掌握所有信息，通过思维作用，就能找到理解新知识的“钥匙”；若观察过程盲目、缓慢，甚至无法找到关键信息，那么就很难找到学习的途径，甚至可能导致“小错引发大误”的结果。

观察作为学生吸收新知识的首要途径，与学生自身密切相关，需要学生自己构建，在教师协助下，以自己的经验和信仰为背景分析知识的合理性。学生的学习不仅关注新知识的理解，还涉及新知识的分析验证和批判。

观察的三个核心品质是“快”“多”“准”，其中观察的最佳品质是“准”。“快”并非指浅尝辄止或阅读速度快，而是指观察本身的迅速，它反映渴望、主动的心理状态，抑制被动、阴郁的情绪。观察的“多”意味着多接触、多思考、多实践数学事实，锻炼和提升自身的观察能力。“准”不仅体现为确切和细致，还关乎思维构建和信息处理的准确性。在学习数学问题时，观察的目标是准确收集信息，为分析这些信息提供思维基础。因此，“准”是把握数学对象基本特性的关键，否则只能获得模糊、无益于数学对象分析的信息。大量混乱的信息充斥头脑，不仅无法成为精神财富，而且会导致信息污染，对健康的思维与记忆造成干扰，降低学习效率。从心理学角度看，追求“准”的需求和能力无疑是关键所在。所以，观察水平成为影响数学思维发展的另一个重要智力因素。

观察方法可分为描述性观察和分析性观察两种。描述性观察主要是用语言描绘观察到的现象。感觉和知觉在这种观察中扮演重要角色，如果要描述现象特征则需要进行对应的思维活动，形象思维是初始的思维方式，它能整理加工感知材料的过程，这一过程实际上是逻辑运用的过程。大学生在观察和解决复杂问题时，倾向于出声思维，这种语言活动不仅提高了观察或问题解决的速度，还提高了在其他问题上的迁移水平。分析性观察建立在描述性观察的基础上，有意识地集中观察点于某处，强调本质特征，并进行比较、分类、分析、综合、抽象和概括，以形成对问题的认识。

为了促进数学思维的发展，在进行观察时需注意以下三点。

（1）观察应具有明确的目标。观察区别于普通的知觉，人在进行观察前，往往首先设定一个目标，依据这一目标规划行动过程，再根据此过程主动感知事物对象。观察使思维与知觉达到一致，因此观察也是一种思维知觉。人类社会的发展离不开细致严谨的观察品质，通过客观世界获取丰富而准确的信息，经过头脑的处理、改进和创造过程，从而产生新的成果。缺少观察就不可能有发现。从心理学角度看，人对客观事物的认识活动源于特定实践任务的需求。需求越具体、越明确，对认识的事物就越关注。在实践活动中，主体有时对周围反复出现的事物熟视无睹，原因在于缺乏明确的实践目标。数学的学习和教学都是目的性强的活动，因此学习与教学中的观察必然具有明确的目标和要求。对于学生而言，学习前要有思想准备（包括已有知识的准备以及激情与信心的准备），明确学习内容和目标，以提高观察的针对性、意义性和准确性。

解决数学问题具有明确的方向性。在学习过程中，学生需要观察问题的结构和问题所传递的信息，确定观察目标，调整思维状态，并通过分析唤醒经验。

受目标启发，问题解决自然要按照特定计划和程序实现。通常，在各种涌现的想法中有三种考虑问题的方法：一是根据已知条件寻找未知结论的目标，即综合方法或顺解法；二是从目标出发向前推，直至发现目标存在的已知必要条件，即分析方法或逆解法；三是交替从两端推进，直至与某个中间对象建立联系，即逼近方法或夹进法。显然，这些都是数学思维形成的过程。

面对需要解决的数学问题，应先做好两件事以把握对象的整体信息：一是审视问题的要求和目标，明确已知与未知的内容；二是通过观察初步确定所需知识和方法，初步设定解答顺序，并大致估计个体可能完成的概率，以保持稳定且积极的心理状态，然后按照确定的方案认真解决问题。同时，要避免观察的随意性，特别是对审题和句意理解要明确要求，确保心中有数。

（2）观察要有认真细致的态度。从数学学习的心理活动来看，数学思维活动过程大致可以分为认识发生阶段和知识整理阶段。前者指概念形成、结论被发现的过程，后者指用演绎法进一步理解知识、拓展知识的过程。前一阶段是学生在教师引导下探索知识的过程，它具有创造性，是培养观察思维的有效途径。在这个阶段，学生要保持清醒的头脑，认真、细致地了解、学习概念和原理，认真观察范例的表述形式，寻找知识生成和发展的背景，以求学懂和全面理解。这一阶段的学习，除了汲取教师的经验外，细致观察成为取得良好学习效果的重要基础。如果不能达到细致和认真观察的要求，就会影响下一个阶段的学习，促进思维发展由此成为空话。因此，前一个阶段比后一个阶段更为重要。在知识展示和促进数学思维活动的全过程中，要保持观察的地位和质量，使数学学习与思维发展同步进行。

数学的概念、判断、推理以及学习对象都有其形成的基础和条件，本身显示着特定的信息。认真细致地观察不仅有利于快速捕获这些信息，为思维的加工与改造提供先决条件，还可以维持、延续、拓展思维空间；不仅有利于新知识的快速掌握，还能加强思维的强度，发展和提高数学思维能力。

（3）观察要与联想相结合。在数学学习和解题中，观察是捕获对学习和解决问题有重大帮助的信息的过程。在获得这些有用信息后，思维活动并没有结束，而是组织记忆或唤起原先储存的知识和方法。这些知识和方法并不是全部被思维活动激活，而只是激活与观察捕获的信息相关联的部分。这一过程就是通过观察引起的联想。无论是学习数学新知识，还是应用数学知识解决数学问题，都必须有联想的参与。因此，观察与联想是相互依托的关系：观察为联想启动门户，联想作为观察的结果。无联想的观察是简单的观察和平面的观察，即一种知觉，仅凭知觉获取的感性信息无法突破“平面式”的局限，也解决不了客观世界的许多问题。观察中的联想是将获得的信息表象比较、加工、整合，通过联想促进关系的内化与增强空间背景的凝聚力。这体现了观察“多”和“准”的品质。

思维被看作解题活动，是因为脑意识获得了问题的信息，从而引起了思维的活动。解题无疑是思维活动的结果。由此说明，数学思维形成的一种有效方法是通过解题来实现的。这也表明观察与联想是数学思维形成的重要组成部分。大学数学教学应加强学生观察力的指导，为学生的联想思维创造有利条件。教师在计划和组织教学活动的同时，应当注重给予学生观察的机会，对其观察力进行培养。观察与联想相结合的方式，可以更好地促进学生数学思维的发展，提高他们解决问题的能力。

### 三、记忆与数学思维发展

记忆反映了过去经验在人脑中的保存，可以将记忆作为经验的一种保存和延续，反映了个体心理活动在时间和空间上的发展和进一步完善。数学学习不仅依赖观察，还需要记忆。在数学学习和问题解决过程中，记忆如同高速的知识来源，迅速将回想到的知识传递给大脑，以满足思维活动的需求。缺乏良好的记忆能力，即使在有意义的刺激下，也无法及时回忆所需知识，更无法长久保持已获取的感知信息。大学数学涉及的定义、定理、公式和法则繁多，其中一些具有较高的相似性。因此，感知的对象和所考虑的背景差别不大，可能给记忆带来困扰，对后续的学习和思维发展产生障碍。所以，记忆水平是影响数学思维发展的第三个关键因素。

在日常生活中，人们会接触到各种事物和现象，这些事物和现象作用在人的感觉器官上，使人产生关于它们的感觉和知觉，也激发人们的言语、思想、情感和行为。这些活动在大脑中留下印迹，并在适当的条件下重新呈现，作为过去经验参与到后续的心理活动中。这便构成了记忆的基础。记忆有三种形式，即回忆、再认和复做。[①] 人的所有学习活动都涉及记忆，而学习和记忆的生理基础在于大脑神经中枢的某种印迹的形成和巩固。在记忆中，表象起着重要作用，表现为大脑中保存的事物印迹所呈现的形象。表象具有形象性和概括性的特点。大部分感知到的对象都以直观和形象的方式出现，如教师讲课的形象在学生记忆中印象深刻，尤其是教学情境很容易在学生脑海中浮现，这说明表象具有形象特征。表象源自感知，但与知觉不同。知觉是对眼前事物的直接反映，而表象反映的是过去感知过的但目前并非眼前的事物，这种表象是由其他相关事物或语言触发的。多次感知同类事物会在大脑中形成这类事物的共同特征和一般特点，而其他次要或独特的特点会逐渐消失，从而形成概括性的认识。

“精”、“牢”和“活”是记忆的三个基本特质，其中“活”被认为是记忆的最佳特质。在记忆过程中，“精”具有双重含义：第一，择优记忆，指有选择地记忆知识，而非将所有信息都存入大脑；第二，择重点记忆，指着重记忆对未来学习有益的知识，因为这些重点知识在知识体系中最具活力，一旦掌握，其他知识将在相应环境中得到启发和调动。“牢”指的是对知识的理解性和辨别性记忆。虽然大脑皮层本身具有识别信息真伪的功能，但它可能会被错误或虚假的学习欺骗，从而储存不正确的信息并影响正常思维。因此，为防止记忆信息失真，学生必须加强记忆的牢固程度。“活”体现了个体思维的活跃度和缜密性。在知识被记住后，学生应进行整理和系统化。具备优良记忆品质的人还会对所记忆的知识进行编码，构建完整的知识体系。知识体系的系统化和结构化不仅提高了记忆的准确性和有效性，还有助于思维的健康发展。

## 四、操作与数学思维发展

思维能力的发展需要具备数学基础、观察和记忆能力及品质，而持续操作和实践则是发展思维能力的独特因素。这个因素之所以特殊，是因为它的过程规范、严谨且辛苦，比观察和记忆更加复杂。通常，仅凭感知和感觉难以记住客观事物；尽管理解的内容可以保留在记忆中，但要随时应用还需经过反复操作。由于理解的对象与新背景之间存在多种关系，而这些关系有时并非固定不变，为了突破背景限制获得新认识，学生必须在学习过程中多加实践，形成自

① 伍棠棣，李伯黍，吴福元．心理学 [M]. 北京：人民教育出版社，1982：53.

己的模式，真正将知识内化，这才算是真正理解。

思维作为一种认识形式，不能脱离内容独立存在。积极操作和强化操作技能是掌握知识、形成更高级认识和提高解决问题思维能力的重要过程。思维虽然源于直观感性，但需要通过分析、抽象，对感性材料进行筛选识别、抽取和概括，超越感性的具体限制。反过来，可以根据事物在整体中的实际关系，进一步将它们的各种规定具体结合起来，即从抽象本质走向“思维中的具体”①。因此，学习不应局限于对抽象概念和规则的理解和记忆，而应进一步加强操作，使复杂的概念和规则在理解和记忆的基础上变得更具特色和具体。

操作的三个基本品质是“快”、“准”和“新”，其中“新”是最佳品质。在操作过程中，“快”表示活动速度，体现了对原有知识和经验的理解和掌握程度；“准”是活动效果的要求，是判断能否执行操作训练的标准，它反映了操作中最充分的品质；“新”则涵盖了操作的新颖性和创造性成分。

操作是技能发展的驱动力，它是思维技能发展的中介因素。“技能的生理机制是由在大脑皮层运动中枢的神经细胞之间形成了牢固的联系系统，在一定刺激作用下，一系列动作就可以一个接一个地、自动地产生出来。”② 这说明，操作技能依赖长期积累形成。任何事物都有其自身特性和规律，长期从事某项活动会使人达到熟练运用的境界。精通操作的人关注知识、方法、技巧和变化。通过操作形成一定技能后，再次操作时，动作将由有意识活动和自动化活动两部分组成。因此，反复操作中积累的技能是有意识活动和自动化活动共同形成的，技能受一定意识控制。

## 第四节　影响数学思维发展的非智力因素

非智力因素是指与认知方面无关的因素，包括非智力心理因素和非智力生理因素。人的体质、身心状况、生理疲劳等均属于非智力生理因素，这些因素作为非智力活动的外部因素，大多数人能较容易地察觉到并在出现干扰时进行

---

① 陈琦，张建伟．建构主义学习观要义评析[J]．华东师范大学学报（教育科学版），1998（1）：61-68.

② 伍棠棣，李伯黍，吴福元．心理学[M]．北京：人民教育出版社，1982：19.

修复或消除。而兴趣、情绪、注意力、性格、意志等属于非智力心理因素，它们是智力活动的“内在”因素。本节将重点讨论非智力心理因素，即影响数学思维发展的“内在”因素。

在心理学研究中，非智力心理因素被视为人在意志、情感和个性方面的心理特征。这些因素与个体对事物的兴趣、情绪和注意力密切相关，对人的思维活动具有深刻的影响。

## 一、兴趣与数学思维发展

个体的兴趣来自关注与喜好，它表现为心理上对某一事物或活动的渴望和倾向。这样的兴趣与情感紧密相连，并在生活和实践满足需求的基础上逐渐形成。

直接兴趣与爱好、喜好和情感紧密相关，它源于对事物本身的需求。例如，参加娱乐活动和观看电影都会激发直接兴趣。间接兴趣则与意义、追求和需求关联，即使对事物本身没有兴趣，但对其未来的结果有需求，也会产生间接兴趣。

兴趣会对个体行为产生显著影响。从积极方面来看，兴趣有助于预测和规划未来活动，为活动的准备提供思考和策略；推动活动的正常发展；产生创造性效果。然而，兴趣受历史和环境因素影响，其发挥作用具有客观性。在工作和学习环境中，过分关注个人兴趣是无意义的。同样，在教学过程中，过度迎合学生兴趣会导致教学目标难以实现。教学的责任在于改变学生错误的兴趣，培养其正确的兴趣。

兴趣与思维之间存在关系。当个体的兴趣与所关注的客观事实相符时，兴趣会对思考对象产生积极推动作用。如果个体对关注的对象感到亲切和敏感，那么对原有兴趣会产生强化效果。因此，个体对某事物有强烈兴趣时，会产生执着心理，促使思维活跃，为思维发展创造契机。

### （一）营造数学知识的动态环境，让学生感到顺理

兴趣陶冶是指教师在教学过程中有意识地创造学习环境，对学生产生潜移默化的教育影响。教材中的知识是静态的，仅具有信息意义，而其生成过程无法从教材中体现。以函数概念为例，虽然它相对抽象，但通过从抽象到具体的

方法，教师可以帮助学生理解函数概念。教师可以运用一次函数及其图像来解释函数概念，让学生对函数概念有明确的了解，明白函数中两个变量的关系。再通过结合二次函数及其图像、限制自变量范围来说明函数值的唯一性。当学生对函数概念有了一定的认识后，再讲解函数的定义，学生就能更顺利地掌握。从抽象到具体的方法是一种有效的教学方式，它能帮助学生将抽象知识转化为具体感性的认识。这样一来，知识变得直观易懂，便于学生感知，激发他们的经验，使知识理解变得更为自然。

### （二）讲清数学知识的点线结构，让学生感到需要

知识的点线结构是把新知识视为终点，把生成新知识的原有知识视为起点，由起点知识生成终点知识的过程所形成的结构。例如，函数概念基于映射概念。教师需引导学生寻找它们的联系与区别，从而理解函数概念的生成因素。点线结构体现了知识的和谐特征。如果学生不理解点线结构，他们掌握的知识将成为“死知识”，无法活用，会抑制学习兴趣，失去信心。学生如果能发现知识的点线结构，就能找到需要感，使学习变成自觉活动。

### （三）以人为本，唤醒学生的兴趣

理论与实践都表明，生动有趣的课堂能有效激发学生的学习兴趣。教师应营造融洽、和谐、适宜的教学氛围，让学生愉快地学习。首先，展示教师魅力。师生情感是教学过程的润滑剂，教师需展现热情，调动学生学习的热情。其次，把握学生心理需求。正确掌控学生情绪，促进师生思维同步。再次，运用生动的语言调动学生求知欲，强化语言思维功能，关注学生思维活动，发挥师生互动作用，引导学生集中注意力。最后，学生是教学的主体，其精神面貌反映了其学习兴趣。教学应以学生发展为本，尊重学生个性，让学生在愉快的环境中学习，在潜移默化中培养兴趣。

## 二、情绪与数学思维发展

情绪是人们对客观事物的一种态度，它反映了客观事物与个体需求之间的关系。当客观事物与个体需求一致时，人们会产生积极的情绪；相反，不一致

时会产生消极情绪。情绪和情感既有联系，也有区别。作为主观体验，它们都反映客观现实。情绪是情感的原始发展方面，受情境影响较大且不稳定；而情感则相对稳定，稳定的情感体验是情绪概括化的结果。情绪波动性较大，具有更多冲动性，外部表现明显；而情感波动性较小，冲动性较少，易受认识影响或控制，外部表现不太明显。

在实践活动中，情绪的稳定对思维的正常发挥具有积极作用。首先，正常的学习情绪有助于激发人的好奇心。思维在平静的情绪中发挥得最佳。其次，合适的学习情绪对于思维的语言表达具有积极作用。思维通过语言得以实现，而语言易受情绪影响。当情绪波动剧烈时，语言流畅性受到抑制，表达受到阻碍。因为语言是思维成果的物质载体，所以情绪的极端变化会导致思维失去物质支持。在实际操作中，思维对情绪会产生反向影响和指导的作用。思维作为信仰产生的媒介，可以有意识地、主动地控制情绪；同时，思维语言的有序性与保持情绪稳定的需求相适应，从而保持情绪的稳定。

在大学数学教学中，教师需根据思维与情绪的关联注意以下几点。首先，让学生清楚地认识到，他们的思维方式能够影响情绪和行为，并需关注维护自己的思维品质；要时刻审视可能影响情绪的操作活动背景或能力，了解自己头脑中某些观念可能对积极情绪和学习动力造成干扰，进而调整思维以消除负面情绪的影响。其次，协助学生做出选择，以培养其正向的思维、情绪和动力。要让学生珍视来自教师、同伴或其他人真诚关心和无私支持的学习氛围，包括如何控制思维过程的实际教学活动，如直接指导思维技巧、合作学习小组以及独立思考和解决问题的机会。促进学生提升自我调节能力。自我调节是一个不断自我肯定的循环系统，这个系统将相应地促进理解水平和心理功能的螺旋式上升。最后，使学生成为学习的主导者。教师通过激发学生学习动机，结合吸引人的教材内容，将其转化为学生求知欲和学习成就的源泉。在教学过程中要避免大量练习，要将注意力集中在引导学生理解教材内容的各种联系和依赖关系上。若让学生进行过多练习，他们可能会紧张地集中精力防止错误，从而影响学习情绪。

## 三、注意力与数学思维发展

注意力是心理活动的一个特征或属性，当心理活动聚焦并集中在某个事物上时，就形成了注意力。人们总是有意识或无意识地将注意力集中在特定事物上，这表现为心理活动对某事物的集中性和指向性。当学生专注于讲座时，他们的心理活动就会聚焦教师的讲解和示范，思维也在积极运作。注意力无法独立存在，总是伴随着其内容。人们对事物的关注分为自然性和目的性两类。当心理活动的指向性和集中性是无意识的、被动的，这种心理活动被称为自然关注或无意注意，是由刺激物特点直接引发感知兴趣的；当心理活动的指向性和集中性是有意识的、主动的，这种心理活动被称为目的关注或有意注意，是由事物某些特征间接引发意识兴趣的。有意注意和无意注意往往会相互转换。例如，在学习过程中，由于需求或兴趣程度的不同，人们可能并未特别关注某种学习，但因为这种学习具有重要意义，他们又不得不专注于学习，从而使注意力从无意注意转变为有意注意。如果对这种学习逐渐产生兴趣，注意力就会转化为自然性，这时原来的有意注意又转变为无意注意。通过努力学习，注意力从无意转化为有意，这是教学过程中最需要培养学生的一种注意类型。

注意是人对客观事物的一种定向反射，它保证知觉能够清晰地感受周围环境的刺激物，做出适当的反应。[①] 这种反应揭示了观察、记忆、思维等认知活动的作用，表明人们的注意力与认知过程紧密相连。当关注思考问题或某个事物时，会有一定的外部情绪表现、特殊的姿势和动作变化，以便更好地感知和审视周围环境。人们的注意力具有差异性，主要表现为稳定性和转移性。稳定性是指注意力集中的程度和持续的时间，如果注意力能长时间集中在特定对象上而不松弛或分散，那么其将表现出良好的稳定性或持久性。此外，注意力的稳定性有助于扩大注意范围和丰富知觉经验。转移性是指注意力有目的地从一个对象转向另一个对象，这是对注意对象的合理选择，活动的目的性是注意力转移的主要条件。注意力的分配意味着能同时进行两种或多种活动，由注意力的转移性控制。分配是有条件的，其中必须有一种活动是已经自动化的，不需要投入更多的注意力。注意力的稳定性和转移性共同构成了注意力的质量。

① 伍棠棣，李伯黍，吴福元．心理学 [M]. 北京：人民教育出版社，1982：114-148.

注意力与思维之间存在密切关系。思维是对注意力所关注的材料进行分析和组织的认知形式，反映了对头脑中存储的表象和符号等的组织和管理。感性材料只有在经过思维加工后，才能通过语言表达，因此，思维是注意力的存在形式并具体化注意力的成果。这需要在有意注意的条件下完成。有意注意是影响学习效果的积极因素，在教学中加强有意注意能有效地促进有序思维活动的进行。

注意力的品质包括稳定性和转移性。稳定性有助于把握注意力的方向，使注意力持久和加强，有利于提高思维的系统性和连续性；转移性有助于把握注意力的范围，更好地完成活动。转移性并非反映注意力不集中的消极表现，而是反映在一定目标下有意识地转移注意力。注意力的转移性有利于思维的比较和发散。显然，有意注意是思维形成的条件，可以迅速促进思维成果的转化。

在实践活动中，当注意力集中时，大脑中仅有一个学习的兴奋中心；而注意力不集中时，大脑中存在多个兴奋中心，它们之间会相互干扰，影响活动效果。因此，在教学中，教师擅长组织学生的注意力并培养学生的注意力是取得良好教学效果的重要条件。

在大学数学教学中，教师应该怎样组织学生的注意力？

首先，应充分重视直观教学。直观是指帮助学生对事物产生感性认识的各种手段。实物作为最佳的直观材料，具有生动性和真实性。数学教学应借助活动的明显刺激，吸引学生注意力，增强注意力的稳定性。语言直观是直观教学的核心，即教师形象地描述事物，通过描述使学生重现已有表象并依据描述进行改进，形成未感知过的新事物表象。

其次，应充分利用学生的无意注意。与学生原有经验相关或能为学生增添新知识经验的对象，均可激发学生的无意注意。数学教学应紧扣学生基础，将新知识讲解与学生已有知识融合，并努力使学生对知识学习产生新感悟，以积极地强化无意注意的产生。

再次，要培养和引导学生的有意注意。有意注意是实现目标所需，具有主动和自觉性。教师在教学过程中，需让学生理解学习的重要性，多创设观察环境，有意识地协助或引导学生掌握注意力转移方式，并防止教学难度影响学生的有意注意。这是因为教学难度与注意力关系密切。若难度过低，活动无法吸引学生注意，反而为分散注意力创造条件；难度过高，注意力无法获得心理支持，同样无法吸引学生注意。问题的难度应在学生发展水平范围内，这样才算适中。然而，经验显示，适中难度的知识本身并非吸引学生注意的关键因素，知识所产生的智能意义才是吸引学生注意的关键因素。因此，学生有时会觉得学习内容较难，这种“难”很容易导致教学活动中断。中断原因在于学生思维连接不上，注意力发生不当转移。另外，学生依赖坚定意志来强制自己关注，这种注意会导致紧张和疲劳。因此，在教学组织中，教师要准确且及时，不要花费过长时间，同时尽量让学生对教学过程保持兴趣。

最后，应善于观察和判断学生的注意力。优秀教师在教学活动中应擅长观察学生的学习状态和情绪。学生的坐姿、表情和眼神都是判断的依据，对于保持注意力的学生应予以肯定，对于注意力分散的学生则需予以制止。

在影响思维发展的非智力因素中，意志和性格对个体思维进步具有不容忽视的作用。意志是实现目标的心理过程，由目标驱动行为表现。意志与智力密不可分，是智力活动的关键支柱。当人们根据特定目标采取行动时，会启动符合目标的动作并抑制不符合目标的动作。人脑通过词汇和意识调节、控制感觉器官与运动器官间的活动，从而产生有方向的行为。意志在实践中体现为执行力和毅力，其品质包括自觉性、果断性和自控性。性格是人的个性心理特征，表现为活动动机或对现实的态度。显然，性格对思维产生了一定影响。例如，性格孤僻、不善交际可能影响人的思维在语言组织方面的表达；而勇敢、诚实、乐观的性格则会使人的思维积极、活跃。因此，在教学过程中，教师应着重培养学生坚定的意志品质和良好的性格。

在影响思维发展的非智力因素中，个体的生理特点与思维进步有密切联系。一个人的身体素质，如容易产生疲劳或疲劳程度，都会在实践中体现。从神经生理角度来看，疲劳产生的生理机制是超限抑制，这意味着当刺激过强或持续时间过长，超过神经细胞的兴奋阈值时，大脑皮层神经细胞的兴奋性就会降低以保护神经细胞免受损害。如果没有这种超限抑制的神经机制，大脑可能因能量消耗过度而受损。当超限抑制发生时，若仍然强行继续工作，大脑健康可能受到严重影响。

综上，学生的学习效果主要取决于智力因素，包括知识和技能的掌握、方法及应用的运用等，与观察、记忆和操作等能力密切相关。然而，非智力因素对思维的影响不容忽视。在实践中，活动效果依赖于正确的心理活动。人们在操作过程中，各种心理活动虽然独立但又紧密相连，任何一种心理活动的变化都会对其他心理活动产生影响——或干扰或补偿。因此，非智力因素对活动效果的促进或干扰是最为关键的。教学的真正艺术在于提高非智力因素对学生思维发展的补偿作用。

# 第七章　大学数学教学中思维能力的培养

## 第一节　大学数学教学中应该培养的数学思维能力及教学原则

### 一、大学数学教学应主要培养的数学思维能力

数学思维能力的纵向发展教学目标是指在整个数学教育过程中，学生在不同的学习阶段，数学思维能力必须发展到的高度或水平，是与学生的年龄特征和智力发展密切相关的总体数学目标。高等数学教学中应该培养的数学思维能力主要有具体形象思维能力、抽象思维能力、辩证思维能力和创造性思维能力。

#### （一）具体形象思维能力

具体形象思维就是指脱离感知和动作而利用头脑中所保留事物的形象所进行的思维。表象是思维的基本材料，实际的数学形象思维材料往往是在表象的基础上有所抽象概括加工而成的数学形象。表象量越多，形象思维内容越丰富；表象质越好，形象思维结果越准确。随着数学知识领域的拓展和内容的不断抽象，由表象所形成的形象就成为更高层次的表象。例如，通过对函数图像的实践认识，学生积累了不少有关函数的形象，在此基础上，一笔画成的曲线就成为连续曲线的形象，没有尖点、角点等奇异点的连续曲线就成了可微函数的形象。几何直观是形象思维在数学中的重要表现形式。在传统数学领域，分析、代数、几何正日益彼此渗透，其中几何直观功不可没。

在高等数学中，微积分以函数为研究对象，这些函数都是定义在$R_n$（$n \in \mathbf{N}$）上的，当$n$=1，2时，这些函数就获得了在平面直角坐标系内的几何直观，当

$n \geqslant 3$ 时，对函数性质的研究和了解也往往是类比 $R_1$、$R_2$ 上的情形，因而可以说，形象思维贯穿微积分学习的全过程。比如，多元复合函数的求导法则同一元复合函数一样，都遵循着链式法则，但由于变量个数的增加，其具体的求导形式要比一元函数复杂得多。运用数学形象思维，建立多元复合函数求导法则的“树形图”几何结构，可将其复合关系和链式法则的具体形式揭示得一清二楚，使多元复合函数的求导过程变得简单有序。再如，在讲授拉格朗日（Lagrange）中值定理时，教师可先作一光滑图形来说明函数在闭区间上连续、开区间内可导等条件；然后说明在开区间内至少存在一点，使这点处的切线平行于曲线两端点的连线，并给出该连线的斜率，再给出严格的证明。这样做会使学生对问题的理解更为深刻。另外，形象化教学还可以借助多媒体手段，在计算机上编制适当的软件以加强形象化教学的效果，这是一条很好的途径。

“数形结合”的方法对提高学生的形象思维水平极为有效。“数形结合”表现为对问题的数学逻辑表述和对问题的几何意义的综合考查，前者偏于逻辑思维，后者偏于形象思维。在思维实践活动中，二者总是相互交叉、相互制约、难以截然分开的。因此，在教学活动中，教师应重视有关概念、法则与定理所反映的几何意义以及逻辑的数学语言与直观的几何表示互译的教学，让学生用形象思维寻找问题解决的突破口，用抽象思维对思维过程进行监控与调节。

### （二）抽象思维能力

抽象思维是数学思维显著的特征之一。以高等数学为例，在《高等数学》教材中，大部分概念（如导数、二重积分、曲线积分、曲面积分等）在引入时，都是从实例入手，抛开实际的意义抽象得出的。教师在教学中可以很好地利用这一点，有意识地培养学生的抽象思维能力。例如，对二重积分定义时，一般的教材都是先讨论两个具体实例：其中一个是讨论曲顶柱体的体积，另一个是讨论平面薄片的质量。尽管前者是几何量，后者是物理量，实际意义截然不同，但它们的计算方法与步骤却是相同的，排除其具体内容（非本质属性），从中抽象出相同的数学结构$\lim\limits_{\lambda \to 0}\sum\limits_{i=1}^{n}\rho(\varsigma_i,\ \eta_i)\Delta\sigma$，得出了二重积分的概念。教师在讲授这一概念时，可以试着让学生自己去抽象出相同的数学结构。通过多次对不同内容的分析，可以逐步培养和提高学生的抽象与概括能力，也使学生掌握从具体到抽象的学习原则。长期坚持，学生的抽象思维能力将会得到显著提高。

### （三）辩证思维能力

辩证思维，就是客观辩证法在人们思维中的反映，它是客观事物和客观过程的内容发展的辩证法在逻辑形式中的再现。这一能力目标要求学生在运用概念判断和推理时应具备灵活性、可变性和辩证矛盾的特性。数学教育的重要目的之一在于培养学生的数学思维能力。辩证逻辑研究的是思维形式如何正确反映客观事物的运动变化、事物的内部矛盾、事物的有机联系和转化等问题。辩证逻辑研究对象的这种矛盾的解决一般都是以辩证思维方法为依据的。在数学思维中，辩证思维被认为是最活跃、最生动、最富有创造性的成分。在数学发展史上，许多重大的数学发现过程都具有辩证的特点。很难设想，一个缺乏辩证思维的人能创立微积分。可见辩证思维对数学的研究和发展及数学学习的重要性。作为变量数学的高等数学，蕴含着极其丰富的辩证思想。其内容的辩证性体现得非常典型和深刻，集中反映了辩证法在数学中的地位。因而它是培养学生数学辩证思维能力的最优载体。

高等数学是用全新的变化的观点去研究现实世界的空间形式和变量关系的课程，所以学生从学习常量数学到变量数学，在思维方法上是一个转折。突出高等数学的辩证法，有助于学生摆脱在初等数学中静态思维方式的束缚，学会用辩证法的方法分析问题，提高辩证思维的层次。例如，极限概念中“$\varepsilon-N$”定义的产生和形成过程就带有辩证思维方法的色彩。它的主要特点是用有限量来描述和刻画无限过程及有限到无限的矛盾转化。极限概念包含着非常深刻、丰富的辩证关系，特别是变与不变、近似与精确、有限与无限等的关系。

矛盾的对立统一观点是辩证法的核心，它在高等数学中的表现尤为突出。例如，极限值的得出就是变化过程与变化结果的对立统一，微分和积分刻画了变量连续变化过程中局部变化与整体变化之间的对立统一，还有“离散”与“连续”、“近似”与“精确”、“均匀”与“不均匀”等，都是矛盾对立统一的具体反映。高等数学中的许多概念也是多种矛盾的统一体，如“无穷小量”有零的特征但却不是零。

高等数学的概念、原理之间既互相渗透又互相制约的特点是高等数学辩证性的又一重要特征，是事物普遍联系规律的反映。例如，定积分、重积分、线积分、面积分的概念，都是从不同的具体原型抽象概括出来的，但它们之间却有着本质的联系，即都是“分割—近似代替—求和—取极限”的数学思想方法，其概念的结构是类似的。又如，从不定积分与定积分的概念来看，不定积分属于求原函数的问题，而定积分属于求和式极限的问题。但上限为变量的定积分实际上就是被积函数的一个原函数，从而沟通了定积分与不定积分概念之间的联系。这种联系还体现在运算上，牛顿—莱布尼茨公式$\int_a^b f(x)\mathrm{d}x = F(b) - F(a)$就是建立定积分和不定积分关系的桥梁。它表明，要计算$f(x)$在$[a, b]$上的定积分，可以先求出$f(x)$的不定积分，然后计算差值$F(b)-F(a)$就可得到所要求的定积分的值。

在大学数学中，矛盾对立统一的观点、普遍联系的观点、否定之否定的观点以及量变到质变的辩证规律随处可见。因此，教师在数学教学中应充分挖掘这些知识间的辩证关系，努力发展学生的辩证思维，从而逐步提高其思维能力。

### （四）创造性思维能力

创造性思维就是有创建的思维，即通过思维不仅能揭示客观事物的本质及内在联系，而且能在此基础上产生新颖的、前所未有的思维成果。这一思维能力目标是数学教育所追求的最高境界，是其他思维能力目标充分发展、突变、飞跃而达到的终极目标。创造性思维要求学生针对数学问题给出新的解决办法，或提出新的数学问题，创造新的数学理论。如学生能在复数系基础上提出新的数系，或能定义新的运算，即所谓创造性思维能力。应该指出的是，从创新的相对意义来看，创造性思维是广义的，学生的数学创造性思维是“再发现”式的，主要是相对思维主体而言具有一定的自身价值或认识意义的新颖独到的思维活动。创造性思维能力的培养可以从以下几个方面进行。

（1）培养聚合思维和发散思维。聚合思维在内容上具有求同性和专注性，发散思维在内容上具有变通性和开放性。每个人的思维既有聚合性，又有发散性，聚合思维和发散思维是相辅相成的。数学教学，往往更强调对学生聚合思维的训练，而对发散思维的训练则较少关注。事实上，大学数学教材的表述侧重于聚合思维，因而教师要善于挖掘和选取数学问题中具有发散思维的素材，恰当地确定发散对象或选取发散点，以培养学生的发散思维。例如，在引入定积分概念时，教师在举出“求曲边梯形的面积”的实例，引导学生分析其“分割—近似代替—求和—取极限”的数学思想方法后，启发学生联想“液体的静压力”“物体转动惯量”等问题，并思考这些问题的共性，从而抽象出数学模型，给出定积分的定义，这是一个聚合思维的过程。教师应进一步引导学生分析该思维成果，并应用它去解决类似的实际问题，以实现对学生发散思维的培养。

（2）培养直觉思维和分析思维能力。从辩证思维的角度来看，直觉思维与分析思维是相互依赖、相互促进的。任何数学问题的解决和数学知识的发现都离不开分析思维，但是分析思维也有保守的一面，即在一定程度上缺乏灵活性与创造性，而这正是不严格的直觉思维所具有的积极的一面。在教学中，教师可通过出示一组相近命题，引发学生的思维冲突，激活学生思维兴奋状态，发展学生直觉思维。同时，教师应要求学生对猜想的结果进行严格论证，从而使直觉思维和分析思维和谐地发展。

## 二、大学数学教学培养数学思维能力的教学原则

数学教学培养学生的数学思维能力应当遵循以下原则。

### （一）渗透性原则

首先，数学思维能力的培养离不开表层的数学知识，但那种只重视讲授表层知识而不注重培养数学思维能力的教学是不完备的教学，它不利于学生对所学知识的真正理解和掌握，使学生的知识水平永远停留在一个初级阶段，难以提高；另外，出于数学思维能力的培养总是以表层知识教学为载体，若单纯强调培养数学思维能力，就会使教学流于形式，成为无源之水、无本之木，学生的数学思维能力难以得到培养和提高。其次，数学思维是一种复杂的心理现象，体现为一种意识或观念。因此，它不是一朝一夕、一招一式可以完成的，而是要日积月累，长期渗透，才能水到渠成。最后，数学思维能力的培养主要是在具体的表层知识的教学过程中实现的，因此，要贯彻好渗透性原则，就要不断优化教学过程，如概念的形成过程，公式法则、性质、定理等结论的推导过程，解题方法的思考过程，知识的小结过程，等等。只有优化这些教学过程，数学

思维才能充分展现它的活力。取消和压缩教学的思维过程，把数学教学看作表层知识结论的教学，就会失去培养学生数学思维能力的机会。以上三个方面说明了贯彻渗透性原则的重要性、必要性和可行性。

### （二）反复性原则

一般来说，数学思维的形成有一个过程，学生通过具体表层知识的学习，经过多次反复，在比较丰富的感性认识的基础上逐渐概括形成理性认识，然后在应用中，对形成的数学思维方法进行验证和发展，加深理性认识。从较长的学习过程来看，学生是经过多次反复，逐渐提高认识的层次，从低级到高级螺旋式上升的。另外，数学思维的培养教学与具体表层知识教学相比，学生领会和掌握情况有着较大差异，所以具有较大的不同步性，只有贯彻反复性原则，才能使大多数学生的数学思维能力得到培养和提高。反复性原则和渗透性原则联系在一起就是要反复地渗透，螺旋式地上升。

例如，在积分定义的教学中，需要反复渗透类比思维。高等数学中的积分共有七大类：定积分、二重积分、三重积分、第一类曲线积分、第二类曲线积分、第一类曲面积分、第二类曲面积分，每类积分都有一套定义，但它们之间又有着十分密切的联系，并且有许多共性。比如，这七类积分概念的引入过程都是经过"引例（通常就是几何、物理意义）—定义—性质—运算"四个步骤，同时它们的积分定义步骤也大致相同，都是按照分割—近似代替—求和—取极限的步骤进行的，在讲其他类型的积分（本体）时，可用定积分概念（喻体）相类比的方法启发学生自己给出定义，即首先由教师指出其他积分与定积分类似，然后可引导学生类比定积分的定义来定义其他积分。这就教给了学生如何去找类比的已知概念（喻体），又如何通过类比给出新概念（本体）的定义，使学生较好地掌握了概念的本质。培养一种数学思维要通过教学内容多次反复进行，一般由孕育阶段、形成阶段和加深应用阶段三个阶段组成。

### （三）系统性原则

数学思维能力的培养与表层知识教学一样，只有成为系统，建立起自己的结构，才能充分发挥它的整体效能。当前，在数学思维能力培养中，一些教师在某个表层知识的教学中，突出培养某种数学思维，往往比较随意，缺乏系统性和科学性。尽管数学思维培养的系统性不如具体的数学表层知识那么严密，但进行系统性研究，掌握它们的内在结构，制定各阶段教学的目的、要求，提高教学的科学性，还是十分必要的。要进行数学思维培养的系统研究，需要从两方面入手。即一方面挖掘每个具体数学表层知识教学中可以进行哪些数学思维的培养，另一方面研究一些重要的数学思维可以在哪些表层知识教学中进行渗透，从而从纵横两方面整理出数学思维能力培养的教学系统。下面试分析归纳思维能力培养在高等数学教学中大致的系统。

首先，在讲授完某一教学内容时可进行局部归纳。例如，教师在讲完极限概念后可进行归纳：对于自变量的变化趋势不外乎$x \to x_0$（有限）与$x \to \infty$（无限）两种情形，若细分，又可分为$x \to x_0^+$、$x \to x_0^-$及$x \to +\infty$、$x \to -\infty$，特别地，当$x$取自然数时，即数列的极限当$n \to \infty$时的情形。这样，通过对自变量的变化趋势进行归纳，学生明白了自变量的变化趋势$x \to x_0$这一从“薄”到“厚”（细分为五种情形）的变化过程。教师在讲授完极限一章后可把本章内容归结为五个定义、四种关系、三个性质、两种运算、两个准则、两个极限。

其次，在讲授完同一类型知识后可进行横向归纳。例如，就函数的导数而言，有一元函数的导数、多元函数的偏导数及方向导数三种，它们在本质上都是函数的变化率问题，都是增量比的极限，但也有区别：前两者为双侧极限，方向导数为单侧极限。教师通过这样简单的对比归纳，可以使学生深刻理解概念的实质。

最后，对于相互关联的教学内容可进行纵向归纳，例如，《高等数学》教学内容中的“向量代数与空间解析几何”这部分内容是多元函数微积分的基础，学生在学习时比较容易理解，但却不能深入，以致在学习方向导数与两类线（面）积分的关系及第二类线（面）积分的计算时不得要领。因此，教师在讲授前面的知识点时要为后面的教学内容做好铺垫，指导学生在学习后面的知识点时要与前面的教学内容紧密结合，使前后教学内容相互衔接，达到融会贯通的程度。

### （四）确定性原则

数学思维能力的培养，在贯彻渗透性、反复性和系统性原则的同时，还要注意到确定性原则，只是长期、反复、不明确的渗透，将会影响学生从感性认识到理性认识的飞跃，妨碍学生有意识地去培养数学思维能力。渗透性和确定性是数学思维能力培养辩证统一的两个方面，因此，在反复渗透的过程中，利用适当机会，对某种数学思维进行概括、强化和提高，对它的内容、名称、规律以及运用方法进行明确，应当是数学思维培养教学的又一个原则。当然，贯彻确定性原则势必在数学表层知识教学中进行，处理不好会干扰基础知识的教学，教师应当在整个教学过程中，有计划、有步骤地进行，尤其可以在章节小结中完成确定性的任务。另外，确定性也要做到适度，要针对教材的内容和学生的实际，有一个从浅到深、从不全面到较全面的过程。

## 第二节　培养学生数学思维能力的教学策略

### 一、培养自学能力，发展数学思维能力

首先，自学体现在独立阅读上，它的效率就反映在阅读技能与学生个人在这方面的个性心理特征上；其次，自学是一个数学认知过程，有感知、记忆、思维等，所以它包括各种数学能力；再次，这个独立的数学认识过程很大程度脱离了教师的组织、督促与调控，需要学生自己进行组织、制订计划（包括进度）、做出估计、判断正误、评价效果（自我检查）、进行控制（自我监督）、自我调节等，这方面的能力就是元认知能力；最后，在自学过程中，学生对需要独立阅读的内容进行概括和整理，弄清知识的来龙去脉、重点关键，并抓住数学思考方法，进而提出问题、分析问题、解决问题，大胆对阅读材料提出疑问，甚至提出存在的问题及不当之处等，它反映的是独立思考能力（包括批判能力），这种能力无疑更接近创造能力。

21 世纪是一个知识更新极快的时代，在学校学习到的知识并不能使学生自如地应对将来新知识的挑战，所以，自学能力的培养和提高是教育的一个重要环节。在高等教育阶段，培养学生独立发现问题、思考问题和解决问题的能力，是一项十分艰巨的任务。在数学教学中培养自学能力，可以促使学生由“学会”变为“会学”再到“会用”，最后到“会创造”，是对学生终身能力的培养。

教师在数学教学中可采用以下方式提高学生的自学能力。

### （一）提醒学生搞好预习

由教材入手，课前预习。教师要提醒学生弄清将要讲的内容，哪些已清楚，哪些不明白，不明白的地方在教师讲的时候重点听，这样才有针对性，效果才会好。坚持不懈搞好课前预习，有助于学生自学能力的提高。

### （二）要求学生独立完成作业

作业是对课堂教学的复习、再现和消化吸收，只有在理解知识的前提下，独立思考完成作业，才能使知识得到巩固、补充和提高，变书本知识为自己的知识。若解题遇到困难，教师要引导学生学会查阅资料，学会从不同角度考虑问题，这样才能锻炼学生的独立思考能力，从而使学生自学能力自然得到提高。

例如，求极限$\lim\limits_{n\to\infty}\dfrac{1^p+2^p+\cdots n^p}{n^{p+1}}(p>0)$，可先将它转化为$\lim\limits_{n\to\infty}\sum\limits_{k=1}^{n}\left(\dfrac{k}{n}\right)^p\bullet\dfrac{1}{n}$，因为 $xp$ 在 [0，1] 上连续，故它在 [0，1] 上的定积分存在。将 [0，1]$n$ 等分，取$\xi_i(i=1,2,\cdots,\ n)$为小区间的右端点，做积分和得$\lim\limits_{n\to\infty}\sum\limits_{k=1}^{n}\left(\dfrac{k}{n}\right)^p\bullet\dfrac{1}{n}=\int_0^1 x^p\mathrm{d}x=\dfrac{1}{1+p}$。此例将求极限的问题转化为定积分的问题，使问题的解决得到简化。

### （三）形成完整的知识体系

教学生学会对比、分类、归纳、总结，帮助学生形成完整的知识体系，并掌握其规律，将有助于学生自学能力的提高。

如，教师可启发引导学生由$\int_0^1 f(x)\mathrm{d}x=\lim\limits_{\lambda\to 0}\sum\limits_{i=1}^{n}f(\xi_i)\Delta x_i$，通过类比得到$\iint_D f(x,y)\mathrm{d}\sigma=\lim\limits_{\lambda\to 0}\sum\limits_{i=1}^{n}f(\xi_i,\eta_i)\Delta\sigma_i$，再进一步得到$\iiint_v f(x,y,z)\mathrm{d}v=\lim\limits_{\lambda\to 0}\sum\limits_{i=1}^{n}f$$(\xi_i,\eta,\gamma_i i)\Delta v_i$，并挖掘其中的基本数学思想：“分割—近似代替—求和—取极限”。

### （四）鼓励学生一题多解

教师应鼓励学生在解题时尽可能一题多解，从不同的角度考查各知识点的

联系和运用。教师应注意汇总，选择典型例题、习题加强训练，以形成学生多向联系的知识网络，从而有助于他们自学能力的提高。

## 二、充分利用课堂教学，发展数学思维能力

数学知识是数学思维活动升华的结果，整个数学教学过程就是数学思维活动的过程。因此，课堂教学作为学校教学的基本形式，在各个教学环节中始终占据主导地位，有着不可忽视的优点和作用。为了发挥课堂教学在发展大学生思维能力方面的作用，教师要深入钻研教材内容，运用最优的教学方法，理论联系实际，不断提升课堂教学的效果。具体来说，教师可以从以下几个方面去做。

### （一）应使学生对数学思维本身的内容有明确的认识

长期以来，数学教学过度地强调逻辑思维，特别是演绎逻辑，从而导致数学教育仅赋予学生“再现性的思维”“总结性的思维”的严重弊病。因此，为了发展学生的创造性思维，教师必须冲破传统数学教学中把数学思维单纯地理解成逻辑思维的旧观念，应把直觉、想象、顿悟等非逻辑思维也作为数学思维的组成部分。只有这样，数学教育才能不仅赋予学生“再现性的思维”，而且更重要的是赋予学生“再造性的思维”。这里应该注意，为了不使学生对“再造性的思维”望而生畏，教师应明确地给他们指出：不只是那些大的发明或创造才需要创造性思维，在用数学解决实际问题及证明数学定理时，凡是简捷的过程、巧妙的方法等都属于创造性思维的范畴。

### （二）通过概念教学培养数学思维能力

数学概念的教学，首先，是认识概念引入的必要性，创设思维情境及对感性材料进行分析、抽象、概括。比如，教师结合有关数学史讲授数学概念必要性，将是培养学生创造性思维的大好时机。比如，为什么要学习定积分，引入定积分概念的办法为什么是这样的，这样做的合理性是什么，又是如何想出来的，等等。数学概念教学，不仅要解决“是什么”的问题，而且更重要的是解决“是怎样想到的”的问题，以及有了这个概念之后，又如何建立和发展理论的问题，也就是首先要将概念的来龙去脉和历史背景讲清楚。

其次，就是对概念的理解过程，这是一个复杂的数学思维活动过程。理解概念是更高层次的认识，是对新知识的加工，也是对旧的思维系统的应用，同时是使新的思维系统建立和调整的过程。为了使学生正确而有效地理解数学概念，教师在创设思维情境、激发学生学习动机和兴趣以后，还要进一步引导学生对概念的定义结构进行分析，明确概念的内涵和外延，在此基础上继续启发学生归纳概括出一些基本性质及应用范围等。

例如，在讲授定积分的概念时，教师可以先在黑板上画出几个规则图形（如三角形、平行四边形、矩形等），让学生回答这些图形面积的计算公式；然后教师画出一个不规则图形（类似中国地图的图形），同样让学生思考这个图形面积的计算办法。这时，学生一般都回答不出来，教师可适时地引导学生将不规则图形分割成曲边梯形，最后的问题就归纳为如何求曲边梯形的面积。对于求曲边梯形的面积，教师可引导学生通过“分割—近似代替—求和—取极限”几个步骤来解决。然后教师给学生讲授变速直线运动的路程的计算问题。通过对两者计算方法与步骤的比较，启发引导学生归纳出具有相同结构的一种特定和式的极限$\lim\limits_{\lambda \to 0}\sum\limits_{i=1}^{n} f\left(\xi_i\right)\Delta x_i$，从而抽象概括出定积分的定义，并在此基础上学习定积分的性质、计算方法及应用。总之，在数学概念的形成过程中，教师既要培养学生的创造性思维能力，又要使他们学到科学的研究方法。

最后，还应指出，概念教学的主要目的之一在于应用概念解决问题。因此，教师还应阐明数学概念及其特性在实践中的应用，如用指数函数表示物质的衰变特征，用三角函数表示事物的周期运动特征，等等。从应用概念的角度来看，教学不应局限于获得概念的共同本质特征和引入概念的定义，还要帮助学生学会将客体纳入概念的本领，即掌握判断客体是否隶属于概念的能力。教育心理学研究表明，从应用抽象概念向具体的实际情境过渡时，学生一般会遇到较大困难，因为这时既要用到抽象的逻辑思维，又要借助形象的非逻辑思维。

### （三）通过数学定理的证明培养数学思维能力

数学定理的证明过程就是寻求、发现和做出证明的思维过程。它几乎动用了思维系统中的各个部分，因而是一个错综复杂的思维过程。数学定理、公式反映了数学对象的属性之间的关系，关于这些关系的认识，教师要尽量创造条件，从感性认识和学生的已有知识入手，以调动学生学习定理、公式的积极性，让学生了解定理、公式的形成过程，并设法使学生体会到寻求真理的乐趣和喜悦。另外，定理一般是在观察的基础上，通过分析、比较、归纳、类比、想象、概括、抽象而成的，这是一个思考、估计、猜想的思维过程。因此，定理结论的“发现”，最好由教师引导学生独立完成，这样既有利于学生创造性思维的训练，也有利于学生分清定理的条件和结论，从而为学生进一步做出严格的论证奠定心理基础。

定理和公式的证明是数学教学的重点，因为它承担着双重任务：一是它的证明方法一般具有代表性，学生掌握了这些具有代表性的方法后可以达到举一反三的目的。二是通过定理的证明可以发展学生的创造性思维。在数学教学中，教师还要注意使学生真正掌握知识的内在联系，这也是人的认识由感性上升到理性的一个重要方面，数学的每一个定理、公式、法则实质上都揭示了某一种内在联系。

总之，一个命题展现在学生面前，教师首先应该使学生从整体上把握它的全貌，凭直觉预测其真假性，在建立初步确信感的基础上，再通过积极的思维活动从认识结构里提取有关的信息、思路和方法，最后给出严格的逻辑证明。

#### （四）讲授知识的同时抓住知识之间的联系

思维是以知识为基础的，但如果只是传授知识，而不注意它们之间的联系，所学的知识就像一盘散沙，杂乱无章。为使学生所学的知识结构化和系统化，思和学必须紧密结合，“学而不思则罔，思而不学则殆”。为此，在传授知识的同时，教师必须紧紧抓住知识之间的联系，对学生进行思维训练，使他们做到将所学知识在运用中举一反三。例如，在《高等数学》中，极限是整个高等数学大厦的基石，连续、导数、定积分、偏导数、重积分、曲线积分、曲面积分和无穷级数等均建立在极限定义的基础上。教师在讲授这些知识的时候，应注意引导学生抓住知识之间的内在联系，从而使学生所学知识结构化和系统化，将有助于培养他们的数学思维能力。

## 三、培养创造性思维，发展数学思维能力

创造性思维是指人们对事物之间的联系进行前所未有的思考并产生有创见的思维。创造性思维不仅是深刻揭示事物的本质和规律的主要思维形式，而且能够产生出独特的、新颖的思想和结果。数学创造性思维是一种十分复杂的心理和智能活动，需要有创见的设想和理智的判断。在大学数学教学中，教师可以从以下五个方面着手，培养学生的创造性思维。

### （一）引导学生提出问题和发现问题

提出问题和发现问题是重要的思维环节。科学发现过程中的第一个重要环节是发现问题，因此，引导和鼓励学生提出问题和发现问题是很有意义的，即使经过检验，发现这个问题是错误的，但对学生思维的训练也是有益的。

在大学数学教学中，教师要抓住适当的时机主动引导、启发学生提出问题。例如，讲柯西（Cauchy）中值定理的证明前，教师可引导学生通过观察式子$\frac{f(b)-f(a)}{g(b)-g(a)}=\frac{f(\xi)}{g(\xi)},(a<\xi<b)$提出问题：能否用拉格朗日中值定理来证明柯西中值定理？学生经过探索发现，由拉格朗日中值定理得到的结果$f(b)-f(a)=f\left(\xi_1\right)(b-a)$和$g(b)-g(a)=g\left(\xi_2\right)(b-a)$，其中的$\xi_2$和$\xi_2$不一定相等，因此，这种证明是行不通的。然后教师引导学生利用罗尔（Rolle）定理证明柯西中值定理。提出问题和解决问题不仅加深了学生对拉格朗日中值定理和罗尔定理的认识（定理中的$\xi$是客观存在的，不是任意取定的），而且启发学生要善于从不同的方向思考问题。

### （二）采用启发式的教学方式

培养创造性思维的核心是启发学生积极思维，引导学生主动获取知识，培养学生分析问题和解决问题的能力。对于数学中的问题或习题，教师主要引导学生明白如何去想，从哪方面去想，从哪方面入手，怎样解决问题。例如问题：若方程$a_0x^n+a_1x^{n-1}+\cdots a_{n-1}x=0$有一正根 $x_0$，证明方程$a_0x^n+a_1x^{n-1}+\cdots a_{n-1}x=0$必有一个小于 $x_0$ 的正根。在讲解该问题时，教师可以给学生设计这样几个问题：①证明根的存在性，我们学过哪几种方法？②每种方法的条件、结论各是什么？

③各方法的区别是什么？④本题应该用哪种方法？⑤类似的题目应该怎样考虑？⑥是否可以判断根的唯一性？

通过这样的提问、讨论，学生不仅会证明这道题，而且类似的问题也会解了，起到了举一反三、事半功倍的作用。

### （三）鼓励学生大胆猜想

猜想是一种领悟事物内部联系的直觉思维，常常是证明与计算的先导。猜想的东西不一定是真实的，其真实性最后还要靠逻辑或实践来验证，但它却蕴含着极大的创造性。在大学数学教学中，教师要鼓励学生大胆猜想，从简单的、直观的、特殊的结论入手，根据数形对应关系或已有的知识，进行主观猜测或判断，或者将简单的结果进行延伸、扩充，从而得出一般性的结论。比如，在解答“$f(x)=\cos 2x$，求$f^{n}(x)$”这个题目时，教师可让学生先求出$f'(x)$，$f''(x)$，$f'''(x)$，然后引导他们猜想$f^{n}(x)$。又如，格林公式是用平面的曲线积分表示二重积分，在此基础上，教师可以引导学生猜想能否用空间的曲线积分来表示曲面积分，这种猜想导致了高斯公式和斯托克斯公式的产生。因此，鼓励学生进行大胆的猜想，对于学生创造性思维的产生和发展有极大的促进作用。

### （四）训练学生的发散思维

发散思维是根据已知信息寻求一个问题的多种解决方案的思维方式，不墨守成规，沿多方向思考，然后从多个方面提出新假设或寻求各种可能的正确答案。发散思维是创造性思维的主导成分。因此，在大学数学教学中，教师应采用各种方式对学生进行发散思维能力的培养。比如，教师在讲课时对同一问题可用不同的方法进行多方位讲解或给出不同解法。在对知识总结时，可以从不同的角度进行总结概括，一题多解就是典型的发散思维的应用。例如，求极限$\lim\limits_{x\to 0}\dfrac{1-\cos x^2}{5x^3\sin x}$，用三角公式变形、用洛必达法则、用无穷小量的代换、用泰勒公式等方法都可以解决。又如，证明不等式$\dfrac{x}{1-x}\leqslant\ln(1+x)\leqslant x(x\geqslant 0)$，运用函数的单调性、中值定理以及泰勒公式等方法都能加以证明。总之，发散思维在大学数学中不断呈现，只要注意汇总，选择典型例题、习题加强学习和训练，不但能形成学生多向联系的知识网络，有助于学生将知识融会贯通，而且对培养学生的创造性思维大有裨益。

### （五）充分利用逆向思维

逆向思维是相对于习惯思维的另一种思维方式，它的基本特点是：从已有思路的反方向去思考问题：顺推不行，考虑逆推；直接解决不行，想办法间接解决；正命题研究过后，研究逆命题；探讨可能性发生困难时，考虑探讨不可能性。逆向思维有利于克服思维习惯的保守性，往往能产生某些意想不到的效果，促进学生数学创造性的发展。培养学生的逆向思维可从以下几个方面去做：第一，注意阐述定义的可逆性；第二，注意公式的逆用，逆用公式和顺用公式同等重要；第三，对问题常规提法与推断进行反方向思考；第四，注意解题中的可逆性原则，如解题时正面分析受阻，可逆向思考。

例如，设$f(x)$是以$T$为周期的连续函数，证明$\int_a^{a+T} f(x)\mathrm{d}x$的值与$a$无关。

分析：常规方法是利用定积分的换元法证明$\int_a^{a+T} f(x)\mathrm{d}x=\int_0^T f(x)\mathrm{d}x$。如果换一个角度考虑，要证$\int_a^{a+T} f(x)\mathrm{d}x$与$a$无关，只需证$F(a)=\int_a^{a+T} f(x)\mathrm{d}x$是关于$a$的常函数，进而转化为证明$F'(a)=0$即可。事实上，$F'(a)=f(a+T)-f(a)=0$。

## 四、培养数学元认知能力，发展数学思维能力

元认知，即反映或调节认知活动的任一方面的知识或认知活动。可见，元认知这一概念包含两方面的内容：一是有关认知的知识，二是对认知的控制与调节。也就是说，一方面，元认知是一个知识实体，它包含关于静态的认知能力、动态的认知活动等知识；另一方面，元认知是一种过程，即对当前认知活动的意识过程、控制与调节过程。作为“关于认知的认知”，元认知在认知活动中起着重要作用。

数学元认知能力就是学生在数学学习中，对数学认知过程的自我意识、自我监控的能力，它以数学元认知知识和元认知体验为基础，并在对数学认知过程的评价、控制和调节中显示出来。就功能而言，数学认知能力对数学认知过

程起指导、支配、决策、监控的作用。

大学阶段的数学教学更强调理解、领会教材，强调独立思考，强调自我管理。大学数学课程的主要内容是高等数学，高等数学中的问题解决可以说是创造性的数学思维活动。与其他较低级的心理活动相比，大学数学问题解决更需要元认知的统摄、调节和监控。因此，大学数学教学培养学生的数学元认知能力，对提高学生的数学学习成绩、优化学生的思维品质乃至对学生综合素质的提升都具有重要作用。

教师在数学教学中应充分尊重学生的主体地位，采用科学的教学方法，有目的、有计划地对学生进行元认知的培养和训练。首先，教师应该丰富学生的元认知知识，教给学生元认知策略。其次，教师要加强元认知操作的指导，加强培养学生的自我计划、自我控制、自我评价能力。最后，教师应培养学生的数学反思能力和概括总结等习惯。

## 五、培养积极的数学态度，发展数学思维能力

大学数学教学不仅是数学知识的教学，还应包括对数学的精神、思想和方法的学习与领悟，数学思维方式的形成，对数学的美学欣赏，对数学的好恶以及对数学产生的文化价值的认识。这些都与加涅学习结果中的态度有关。态度是指影响个体行为选择的心理状态，积极而正确的数学态度有利于学生思维技能的形成，有利于学生数学思维能力的培养。

### （一）数学态度包含的内容

#### 1. 对数学学科的认识

对数学学科的认识也可称作数学观或数学信念。当人们向曾经学习过数学的人提出“什么是数学”时，他的回答就代表了他的数学观。大学生对数学学科的认识一般停留在数学就是逻辑，数学就是计算与推理，数学就是思维的体操，数学就是一种工具，数学就是一大堆定理和公式，数学就是解题等层面。教师应通过大学数学的教学，让学生对数学学科的认识上升到数学是一种科学的语言、数学是一种精神思想、数学是一种理性艺术、数学是一种文化等更高的层次。

2. 对数学美的欣赏以及对数学中的辩证思想的感受与认识

对数学美的欣赏以及对数学中辩证思想的感受与知识是指对数学的简单美、对称美、统一美、奇异美的认识；对大学数学中的有限与无限、常量与变量、曲与直、精确与近似等矛盾对立统一体的辩证认识，进一步说就是对数学形成的哲学认识。受数学教育的学生不一定有这么高水平的认识，但形成这方面的一些初步认识还是可以的。这种学习结果不仅体现在欣赏与感受上，还影响到个体的思维方式，并能迁移到其他领域，对学习和研究都有很大的意义。比如，数学家在对某些定理做推广研究时，很多时候就是按美学原则进行的。

3. 持之以恒

持之以恒，永不放弃，对于学术成功是十分重要的。思维是一项艰苦的活动，只有努力坚持才会有成功的回报。有些学生一遇到困难就退缩，没有开始就败下阵来，有些则半途而废。思维，需要不懈地坚持。研究发现，在数学方面，学困生和学优生的差异可直接归因于坚持性方面的不同。学困生认为，如果一个问题不能在 10 分钟内解决自己就可能会放弃，而学优生则会坚持下去直到解决为止。不管一个人有多高的天分，也不管他对自己的思维对象怀着多么强烈的兴趣，如果他是浮躁的、缺乏意志力的，他就不会把自己的注意力锲而不舍地集中在自己的思维对象上，因此，进行创造性的思维是很难的。思维是一件极其艰辛的劳动，没有顽强的意志力是什么也干不成的。

4. 正确看待错误

每个人都会犯错，关键是怎样对待自己的错误。具有良好思维的人能够从错误中学习，通过反馈了解什么地方出了错，哪些因素导致错误的产生，发现并抛弃无效的策略，以改善思维的过程。认真研读前人的作品，特别是具有原创思维的大思想家的著作是认识和纠正错误的一个好方法。只有不断地与具有原创思维的一流的思想家、科学家对话，才能锻炼自己的思维，激发创造热情。

5. 拥有合作精神

合作精神是我们这个时代所必需的，一个没有合作精神的人是很难取得较大成功的。一个优秀的思维者应具备较高水平的沟通交流技巧，具备善于听取别人的意见来调节自己的思维过程、寻求互让并达成一致的品质。如果没有合作精神，即使是最伟大的思想家也难以把思想变为行动。

## （二）转变学生的数学态度

数学态度就是数学教学过程中情感体验的结果，它在每一节课中发生，又在一定阶段得到提升与沉淀。首先，每一个大学数学教师在做教学设计时，都要把数学态度列入教学目标的设计，即所谓按知识与能力、过程与方法、情感态度与价值观的三维立体教学目标体系来设计。其次，教师要看到，许多学生在学习大学数学之前已形成了消极的数学态度，这势必影响大学数学的学习，并使消极的数学态度继续发展。所以，教师要帮助这些学生扭转消极的情绪与认识，以使他们逐渐形成积极的数学学习态度，增强学习的自信心。为此，教师要做到以下几点。

### 1. 加强学习，提高自身素质

很多教师有较高的数学学历，对数学有自身的情感体验，但要想帮助学生在大学数学学习中形成积极健康的数学态度，还应该提高自身的数学教育素质，要多读一些与数学史、数学哲学、数学方法论、辩证法以及美学有关的书籍，形成积极的数学观，从而影响学生数学观的形成。可以说，教师的数学观直接影响他的教学观，从而影响他的教学设计。教师如果有“数学是一种科学的语言”的观念，他在教学设计时就会时时关注学生数学语言的学习。另外，教师还应加强教育理论的学习，更新教育观念，以现代教育理念设计每一堂课，营造和谐、平等、民主、快乐的大学数学课堂氛围，把教学过程看作教师与学生的交流、交往的过程，教师不再是权威的形象，学生也不再是被动的接受者，学习任务由师生共同来完成，这样的学习氛围对缓解学生的压力、避免或减少数学学习焦虑的产生、使学生得到愉悦的情感体验和形成良好的数学态度都是大有益处的。

### 2. 以积极的数学态度引领学生数学态度的形成

教师以积极的数学态度引领学生数学态度的形成要求教师每一堂课都能以饱满的热情、对数学的无限热爱、对数学美的无限欣赏、对数学中辩证思想的无限感慨以及对数学无限崇敬的精神状态出现在学生面前。教师对数学的这种积极情感定会感染学生，使他们对数学产生极大的兴趣，从而喜欢数学、热爱数学，增强学习和使用数学的信心。这样学生在每一堂课上得到的情感体验就会逐渐稳定下来，并对他们后续的学习产生积极的影响。如果教师经常用积极的数学态度影响学生，并在具体的教学内容上体现出来，长期坚持，就会在学生的思维中扎下根来，促使他们稳定的数学态度的形成。

3. 全方位、多角度促进学生积极的数学态度的形成

虽然课堂是素质教育的主战场，课堂教学是良好的数学态度形成的主要渠道，但一部分学生在应试教育以及其他因素的影响下，已经形成了相对稳定的消极数学态度。所以，扭转这部分学生的数学态度，单靠课堂教学是难以做到的，作为教师应全方位、多角度地想办法，以促进学生积极的数学态度的产生，如课下访谈，组织课下学习小组、结对子等办法。而由消极的数学态度到积极的数学态度的转变也许会改变一个人一生的学习与工作。此外，大学数学的课时非常紧张，涉及数学史与数学家传记等内容在课堂上不能占用过多的时间，教师可采取课前或课后布置与教学内容相关的数学史和数学家的阅读材料，以提高学生学习大学数学的兴趣，取得良好的教学效果。

培养学生的数学思维能力是现代社会发展的要求，落实它是一项艰巨的任务，是一项系统工程，它涉及数学科学、心理学、教育学、思维学等专业理论，需要数学教师、教育工作者、教育管理者共同努力。培养学生的数学思维能力主要通过课堂教学来实现，笔者结合大学数学教学实践做了一个初步的探究，但思维是一个广义的抽象的事物，看不见、摸不着，只有有思想、有思考能力的人才能感受到它的存在。由于受主观因素影响较大，数学思维能力的形成与发展因人而异，如何结合学生的心理等方面的因素来进行研究，还有待教师更广、更深的探讨。

## 第三节　努力培养学生良好的思维品质

大学数学教学注重学生思维品质的培养，对于促进学生数学思维能力的整体发展至关重要。

### 一、培养学生思维的深刻性

数学教学的目的之一是培养学生的数学思维能力，其中思维的深刻性是至关重要的。思维的深刻性是指分辨事物本质的能力，与肤浅性相反——肤浅性

表现为对概念缺乏深入理解，对定理、公式和法则缺乏对其成立原因和条件的考虑，对练习题只重视题型和公式的套用，而忽略了解题方法的实质。在数学教学中，教师应该抓住概念、公式、定理和问题解决的教学，引导学生深入思考它们之间的内在联系，将数学中的数与形相互转化，从而培养学生思维的深刻性。

#### （一）进行数形结合的训练，培养思维的深刻性

数学作为一门学科，其研究对象主要包括客观事物的数量关系和空间形式。在数学学习中，数与形两个方面都占据着重要的地位。如果只重视其中一个方面，就难以全面掌握数学知识。因为数缺形时，往往欠缺直观性；形缺数时，则难以深入理解和把握其数学内涵。因此，教师应该在数学教学中引导学生挖掘数与形的内在联系，将它们相互转化，从而培养学生思维的深刻性。特别是在解决代数和几何问题时，教师应该着重强调概念、公式、定理及问题解决的教学，以帮助学生更好地理解数学知识的实质和内涵，提高其数学思维的深刻性。

#### （二）运用不定型开放题，培养思维的深刻性

开放型问题具有不唯一解的特点，需要学生通过综合运用已有的知识和技能，结合问题所给的条件，从多个角度对问题进行全面分析和判断，最终得出正确的结论。这种解决问题的方法能够提高学生思维的深刻性，培养其对问题的全面思考和判断能力，从而为其未来的学习和生活打下坚实的思维基础。

### 二、培养学生思维的灵活性

思维的灵活性是指思维活动能够适应变化，灵活多样，其反面是思维的固化性，或称心理僵化。知识和经验的沉淀，常使人们依赖于某种固定的、个人习惯的“套路”，从而形成了思维的局限性和固化性。这种固化性的思维倾向于在解题过程中仅遵循惯用的规则和模式，缺乏创造性和创新性的思考。思维的固化性不仅会阻碍创造性和创新性活动的开展，还会对学生的思维能力产生负面影响。因此，在数学教学中，教师应该注重培养学生思维的灵活性，引导

学生在解题过程中尝试不同的思路、方法和策略，以应对不同的情况和问题，从而提高学生的创造性和创新性思维能力。

当然，有时思维的呆板性对于解决同类型问题也有其积极的一面，因为此时不必重新设计解题过程。但教师的任务是帮助学生克服思维呆板性的消极影响，及时引导他们了解新的情况和解题方法。

### （一）启发学生多角度思考问题，培养思维的灵活性

在大学数学教学中，教师可以通过采用一题多解的方法来培养学生思维的灵活性。一题多解指的是在解答同一道题目时，可以采用不同的方法或从不同的角度来思考。采用这种方法可以帮助学生拓宽思路，加强不同知识点之间的联系，并帮助他们学会多角度思考解题方法。这种方法的主要目的是培养学生思维的灵活性，从而提高他们解决问题的能力。

### （二）运用开放型习题，培养思维的灵活性

开放型习题通常没有现成的解题模式，需要学生从不同角度进行思考和探索，寻找有关结论，并进行求解。这种习题的引入主要是为了引导学生进行多样性的思考，要求他们思考条件之间的关系，并根据条件使用各种综合变换手段来处理信息，探索结论。这样的过程可以帮助学生培养思维的灵活性，激发他们的钻研精神和创造力。教师应该鼓励学生在解题过程中不断探索和发现新的解决方法，从而培养他们独立思考的能力和解决问题的能力。

### （三）通过一题多变，培养思维的灵活性

多元化的题目结构能够培养学生思维的灵活性，其中一种典型的题目结构是“一题多变”，是指通过变换题目的条件或结论来揭示问题的实质。这种教学方式可以促进学生从不同的角度和方面进行思考，快速想出解决问题的方法，从而提高举一反三、触类旁通的能力。此外，这种教学方法有助于预防和消除思维的呆板和僵化，培养学生思维的灵活性，使他们能够适应各种变化和挑战。

## 三、培养学生思维的广阔性

第一，引导学生多角度、多方向去思考问题，可以培养学生广阔的思维能力。因为多角度、多方向思考问题可以帮助学生发现事物内在的联系，从而拓展思维广度，促进思维能力的全面发展。

第二，从一般到特殊也是培养思维广阔性的重要方式。从一般到特殊是数学问题解决过程中的一种试验手段，它可以揭示新的信息，提供解题思路，是数学问题解决和数学发现活动中常见的程序。通过这种方式，学生可以逐步深入了解问题的本质，从而培养深入思考的能力。

第三，一题多解也是培养思维广阔性的有效方式。用不同的方法解决同一数学问题，可以从不同角度思考问题，从不同的方面探索问题，有利于发散思维能力的发展。这种方法不仅可以让学生更好地理解和掌握知识点，还可以培养学生的创新思维和解决问题的能力。

第四，推广问题也是培养思维广阔性的重要手段。通过推广问题，学生可以从特殊的具体问题出发，通过归纳、猜想及验证，得到一般性结论，体现了思维发展的广度和深度。这种方法可以帮助学生从宏观的角度来思考问题，发现问题的本质，并培养学生的抽象思维能力。

## 四、培养学生思维的创造性

思维的创造性是指在思维活动中表现出来的创造性思维品质，表现在寻找新颖独特的解决问题的方法和思路上。创造性思维不仅关注创造性的结果，更注重思维活动本身是否具有创造性的态度。当学生具有创造性思维时，他们能够自主掌握数学概念，发现定理的证明，提出新颖的问题，独立寻找解决方案，甚至能够挑战传统思维模式。这些都是创造性思维的具体体现。创造性思维的培养，需要教师提供启发性的教学环境和引导，激发学生的创造性潜能，鼓励他们勇于创新和尝试。

思维的保守性是指思维受到固有模式的限制，难以跳出传统思维框架进行创新思考。这种思维表现主要是因为学生思维受到固有模式的限制而无法进行创新。为消除学生思维的保守性，教师应该在加强基础知识学习和基本技能训练的前提下，鼓励学生独立思考，让学生从问题的特点出发，探寻新颖独特的解题方法，这样有利于培养学生的创造性思维，打破传统的思维模式。

### （一）通过一题多解培养思维的创造性

一题多解是一种培养学生思维能力的有效方法，能够开拓学生的思维，提高他们的应变能力。学生在解决一题多解的问题时，需要注重思维方法的新颖独特性，不拘泥于常规，不墨守成规，积极寻求变异的思维方式。这种方法能够克服学生思维定式的消极影响，有利于培养他们思维的创造性。在实际教学中，教师应该注重引导学生充分思考，寻找不同的解题方法，并鼓励他们创造性地思考和解决问题。这样可以激发学生的思维潜能，帮助他们在未来的学习和生活中更加灵活、创造性地思考和解决问题。

### （二）进行发散思维训练，培养思维的创造性

发散思维是一种跳出常规思维模式的求异思维。进行发散思维训练，可以逐渐打破狭窄思维体系的封闭性，培养学生的创新思维，提高学生的解题速度。在数学教学中，教师应该以学生为主体，提供充分的思维空间和时间，鼓励学生标新立异，提出独特见解，多角度思考问题，寻找不同的解法，并比较各种解法的优劣。只要学生提出的思想、见解、设想、方法具有新颖性，就可以认为是具有思维的创新性。因此，好题的巧思妙解对于培养学生的创新思维能力非常重要。

## 五、培养思维的敏捷性

练习可以提高学生思维的概括性，从而提高他们的思维敏捷性。此外，在数学教学中，教师还可以有意识地选择一些用传统思维难以解决或解法烦琐，而逆向思维却能迅速解决的问题，来启发学生的思维，从而培养他们思维的敏捷性。这种教学方法有助于拓展学生思维的广度和深度，让学生习惯从多个角度考虑问题，并能够快速地找到解决问题的方法。

## 六、培养思维的批判性

### （一）培养学生的质疑精神

在数学教学中，教师应该鼓励学生敢于质疑，敢于表达自己的观点和看法，而不是盲从。历史上许多数学家都曾经挑战传统的数学观念，提出了新的理论和方法。例如，罗巴切夫斯基挑战了欧几里得几何学的基本公理，创立了非欧几何学。此外，一些数学问题也需要学生具备敏锐的思维和敢于挑战传统观念的勇气。例如，一个三棱锥和一个四棱锥，棱长都相等，将它们的一个侧面重合后，还有几个暴露的面？这道题目曾经出现在美国 1982 年的大、中学生数学竞赛中，考生和命题专家普遍认为答案是 7 个面。但一名来自佛罗里达州的考生丹尼尔却给出了不同的答案，认为只有 5 个面。尽管其答案被评卷委员会否定，但丹尼尔的勇气和创新精神仍值得我们借鉴。丹尼尔的信念并没有被权威压倒，他坚信自己的结论，并亲自设计了一个模型来证明它的正确性。最终，数学专家不得不承认丹尼尔是正确的。丹尼尔的这种敢于挑战权威的品质受到了广泛赞赏。这种锲而不舍的质疑精神在学生中应该得到大力培养。在数学教学中，教师应该注重培养学生的思维批判性，并创造宽松的学习环境，鼓励学生勇于提出自己的独特观点，以培养他们的质疑精神。这不仅有助于学生发展独立思考的能力，还可以帮助他们更好地理解和掌握数学知识。

### （二）提高学生的识别能力

数学问题中隐含着具有决定性影响的条件，这些条件需要通过深入分析才能挖掘出来。因此，挖掘问题中的隐含条件是培养学生思维品质的重要方法之一。教师应引导学生辨析问题本质，挖掘隐含条件，以提高他们的识别能力。学生的学习过程是一个不断更新自己的知识结构的过程，这需要通过不断的思考和辨析，使他们逐渐掌握思维的批判性。与直接的讲授相比，这种教学方法更为有效，可以在潜移默化中培养学生的思维品质。

### （三）提高学生的自我评价能力

一堂好课不在于学生没有错误，而在于教师能够确立学生的主体地位。这要求教师善于抓住时机启迪学生思维，帮助学生纠正对概念的理解错误和解题过程中的错误，从而改正他们头脑中的知识结构错误。在纠错的过程中，教师不能代替学生，而应引导他们自我纠错，自我寻找致错根源。为此，教师需要提高学生的自我评价能力，让他们主动参与到学习和思考中。只有这样，才能更好地培养学生的主体思维能力和创新能力。

#### （四）培养学生反驳问题的能力

在处理一些似是而非的问题时，教师可以通过让学生从反驳的角度来考虑，以增强学生的创造性思维和批判性思维。反驳能力是学生在数学学习中必不可少的素养之一。为此，构造反例是一种非常有效的方法。构造反例可以帮助学生找出问题的破绽，发现可能存在的漏洞，从而使学生能够更深入地思考问题并提高解决问题的能力。在数学的证明过程中，反例也常常被用来否定谬误，因此掌握构造反例的方法对于学生数学学习是非常重要的。

培养学生全面的思维品质是一项复杂的任务，需要注意各个方面的培养，因为它们是相互联系、不可分割的。在数学教学中，教师应该利用不同的题型和方法，促进学生思维品质的发展。此外，教师还需要通过积极的教育和引导来提高学生的思维品质。这包括培养学生坚持不懈的钻研精神、对比筛选的分析能力、专注持久的注意力、丰富大胆的想象力和创新力等。同时，教师应该从基础开始，注重培养学生的形象思维能力和逻辑思维能力。为了不断提高教学质量，教师应该更新教学观念，改进教学方法，优化教学过程，创造有利于思维训练的环境，积极探索规律，认真总结经验。

## 第四节　基于思维导图培养学生数学思维能力

### 一、思维导图概述

#### （一）思维导图的概念

思维导图是一种利用图形、符号、颜色和线条等方式可视化人脑思维的工具和方法。它将人脑思维中的抽象概念和逻辑顺序通过可视化的形式呈现出来，帮助人们更好地理解和记忆知识，也有助于提高学习效率。思维导图可以充分激发人的左右脑协同工作，促进创新思维和高效学习。在制作思维导图时，教师首先要帮助学生确定主题并逐级细化分解，形成层级结构，用关键词、线条和符号等方式进行表达，使知识结构更加清晰可见，易于理解和记忆。除此之外，思维导图还可以用于整理信息、制订计划、解决问题等，是一种非常实用的工具和方法。

### （二）思维导图的要素

思维导图是由中心图、分支、关键词、线条、颜色以及图形和符号语言等六个要素组成的。中心图通常是问题或主题；分支是中心图的延伸，可以表示主题的多个方面或相关概念；关键词则是分支的内容要点；线条用于连接分支和节点，标识它们之间的关系；颜色可以用于区分不同分支、强调关键内容；图形和符号语言则可用于传达更多的信息，从而更加丰富和全面地表现思维导图的内容。

1. 中心图

中心图也称为核心思想，是思维导图的重要组成部分，它在整个思维导图中扮演着极为关键的角色。每个思维导图都只有一个核心思想，核心思想必须置于中心位置，成为整个思维导图的焦点。

2. 分支

在思维导图中，分支是最常见的线条，用于表示人脑对于同一个主题或中心思想的不同角度、想法和观点，通过层级关系来展示它们之间的联系。其中，距离中心思想最近、线条最宽的分支被称为主分支或一级分支。主分支会再分出二级分支，然后以此类推。通常，分支会按照顺时针方向排列，并且需要相互连接，不能出现中断或者垂直，长度大致应该与关键词的长度相当。

3. 关键词

关键词在大脑内部信息提取中被视为搜索引擎，其作用是唤起记忆并触发相关信息。因此，关键词的表述必须具备高度的概括性和总结性。一般情况下，关键词选择以名词和动词为主，适当搭配修饰词，有时为了更好地理解，还可以加入句子进行解释。在思维导图中，主要关键词离中心主题最近，次要关键词依据其重要程度逐层排序。关键词的书写顺序是从左到右，且一条线只写一个关键词，这是一项重要的原则。

4. 线条

思维导图中常用的线条类型包括连接线、关系线、常规线和轮廓线。其中，连接线用于连接不同分支节点，以清晰明确地展现思维导图的层次关系；关系线则用于连接不同分支的主题，以建立思维导图中子主题间的联系。

5. 色彩

人类天生对于颜色的敏感度高于文字，因此在绘制思维导图时，恰当的色彩选取能够带给人更强烈的感官刺激，让人印象深刻。为了清晰地区分思维导图中的层次关系，建议同一分支尽可能使用相同的颜色，而不同分支则应使用不同颜色的线条。

6. 图形和符号语言

图形和符号语言是数学学科独有的特点，它们具有高度的概括性和表达能力，能够有效地表示和传达数学知识点。因此，在思维导图的绘制中，学习如何灵活运用图形和符号语言是非常重要的。

### （三）思维导图的理论基础

1. 脑科学理论

人类大脑由左右脑两个独立的半球组成，左脑控制身体右侧，右脑控制身体左侧。左脑主要负责语言和数学思维，而右脑则主要负责想象、颜色、直觉、音乐和情感等方面。要充分发挥大脑的潜能，必须调动全脑相互协作。在进行数学学习时，人们主要使用左脑，而右脑往往处于闲置状态，这可能导致左右脑发展不均衡。因此，引入思维导图的图像、色彩、线条等元素，可以充分发挥左右脑的不同分工作用，协同合作，开发学生的全脑潜能，为学生全面发展奠定良好的思维基础，提高学生的综合素质。思维导图的主要构成要素是图像、色彩和线条，引入思维导图可以为数学教学活动提供更加直观、清晰的思维工具，根据左右脑的不同分工协同合作，为学生提供更多学习可能，促进学生思维基础的全面发展。

2. 知识可视化

知识可视化的理论基础是双重编码理论，它指的是将隐性知识外化，通过概念图、思维导图、因果图、语义网络等手段将内在的认知和理解外在呈现出来，以直接作用于人的感官，从而促进知识的传播和创新。实现知识可视化的过程包括以下几个步骤：首先，需要区分不同类型的知识，并选择适当的外化表示方法；其次，需要根据知识接受者的水平，选择合适的载体；最后，通过反馈信息不断改进，以实现知识可视化的优化。这样，知识可视化可以为人们提供更加直观、生动、易于理解的学习方式，促进知识的传播和创新，提升学习效果和学习质量。

思维导图的主要构成元素包括文字、符号、颜色、图案等，通过这些元素的组合，可以实现将内隐知识通过图文形式可视化，因此思维导图可以作为知识可视化的重要工具加以运用。大学数学课堂融入思维导图，可以更好地展示解题过程和思维过程，帮助学生构建完整的知识体系，加深学生对知识点的理解和记忆，提高学生的数学思维能力。这样的教学方式能够激发学生的学习热情和兴趣，提高课堂效率和教学质量，也能够培养学生的创新精神和实践能力，为其未来的发展奠定坚实的基础。

3. 建构主义理论

建构主义认为，知识不是绝对准确无误地概括世界的法则，而是在不断地再加工和再创造过程中形成的；知识的获得也不是简单地由教师或书本传递给学习者，而是学习者在自身原有经验和知识结构的基础上对新信息重新认识和编码得来的。因此，基于思维导图的数学教学应该注重学生原有的认知基础，引导学生由原有知识生长出新知识，建构自己对知识的理解，形成自己的知识框架。这种教学方式能够更好地激发学生的学习兴趣和热情，培养学生的创新思维和实践能力，提高教学质量和效率，为学生的未来发展奠定坚实的基础。

4. 图式理论

图式概念描述了人类认知和知识体系的结构，图式理论是人类大脑以特定主题为中心组织和储存知识的方式。在熟悉的环境下，人们会依据自己的图式进行思考和采取行动。图式是持续演变的，学生可以利用思维导图将大脑中分散的知识点进行整合，从而拓展自己的图式。思维导图在整理和构建知识结构方面具有显著的优势，能够有效地增强个人对知识的记忆能力。

## 二、思维导图应用于数学思维能力培养的优势

培养学生数学思维能力的核心是激发学生对数学的热情，并引导他们发掘数学的奥秘。在教授数学时，教师若让学生全面审视和运用思维能力，将其应用到实际生活问题中，可以提高学生的思维水平，同时增强他们的学习能力和效率。

### （一）促进学习理念的转变

利用类似于头脑风暴的方法，思维导图能引领学生发展思维能力，从而提高思维的适应性。它运用了一种类似放射性的网状思维方式，这与传统的线性教学方式有明显不同。在数学教学过程中，合理地运用思维导图，有助于学生对各个知识点的理解更加深入，突破原有的学习方式，同时激发他们对学习的热情。

### （二）促进抽象思维具体化

数学是一门高度抽象、逻辑严密、具有符号和形式特点的学科，要让学生掌握这些知识，需要通过一种具体的表达方式来呈现。这个过程就是把抽象的概念转化为可理解、可记录的形式。通常情况下，这种具体化的表达可以通过文字或图像来实现，从而让抽象的数学思想更容易被学生接受和理解。

### （三）有利于逻辑思维与发散思维相结合

在数学学习过程中，抽象的概念和复杂的数字对学生而言可能难以消化，很难将新旧知识整合成一个系统性的结构。然而，通过绘制思维导图，学生能够跳出固有思维，根据已有知识拓展出各种相关知识点。这种方法在保持无限想象力的同时，仍具有一定的逻辑性，将发散性和逻辑性很好地融合在一起，为培养学生的数学思维能力提供了有力支持。有效运用思维导图能帮助学生深化对知识的理解，使学生掌握思维整理过程的线索，并让学生充分了解自我认知的过程。

## 三、运用思维导图培养数学思维能力所要达到的具体目标

数学思维能力包括跳跃性、独立性和求异性等多个特质。在数学教学过程中，教师应采用多种教学策略来培养学生在这些特质方面的能力，从而提高他们的数学思维水平。

数学科学强调逻辑推理。除了个体的天赋因素外，大多数人需要通过建立直观思维和形象思维来解决数学问题，这正是思维导图的核心作用——构建思考模式和发展创造性思维。数学具有很强的抽象性，因此，将抽象的数学知识具体化是提高数学教学质量的关键，可以使学生能更清楚地理解概念。在数学教学中应用思维导图，对培养学生的想象力和创造力至关重要。

运用思维导图能极大地激发学生的思维能力，使他们在教师的引导下，逐步学会利用自身的知识和经验来解决遇到的问题，从而培养他们思维的独立性和跳跃性。在利用思维导图培养学生数学思维能力的过程中，数学教学应实现一定的教学目标和效果。

### （一）激发学生学习兴趣

应用思维导图来培养学生的思维能力，能够帮助他们更深入地理解数学基本概念。学生可以独立使用思维导图来深化理解相关知识并挖掘其更深层次的含义。在这个过程中，培养学生对数学的兴趣是关键。毕竟，兴趣是做任何事情的最初驱动力。当学生自主利用思维导图进行学习和思维发散时，他们的兴趣无疑得到了培养。这将产生相辅相成的效果，促进学生兴趣和思维的发展，使学生更积极主动地探索和学习。

### （二）促使学生积极思考

思维导图是一种培养学生数学思维能力的有效工具，它可以帮助学生独立思考和解决数学问题。与传统的小组讨论不同，思维导图可以更有序地进行个性化学习，因为每个学生可以按照自己的理解能力和知识水平制作思维导图，并在讨论中与其他学生分享思路。学生可以通过独立思考和制作思维导图来表达自己的思维和解决问题的方法，而在讨论中则可以了解到其他同学的不同思考方式和解决问题的策略。教师除了能够监督学生的学习效果之外，还可以在

讨论中作为一个普通的学生参与其中，从而了解学生的思维方式并提供有价值的授课建议，帮助学生更好地掌握知识。

### （三）强化学生对知识结构的理解

思维导图这一工具的一个突出优势在于其清晰地展示了知识结构，使学生能够明确地理解各个知识点之间的联系和整体框架。此外，思维导图采用直观的图形方式，能在学生心中留下深刻的印象，并有助于加强他们将原有知识迁移到新知识中的能力。这种方法有助于培养学生理解问题、分析问题和解决问题的能力，从而对其发展数学思维能力产生积极影响。通过运用思维导图，学生可以更有效地整合和掌握知识体系，进而提高在数学领域的学习成果。

### （四）协助学生将阶段性的知识总结出来

思维导图是一种有效的数学学习工具，可以提高学生的思维能力，帮助其对知识建立联系。每节数学课都会引入新知识点，利用思维导图工具可以很好地记忆和串联这些知识点，形成一个丰富多彩的思维导图网络。通过思维导图网络，学生可以掌握更加系统和连贯的知识脉络。有的章节的学习可能需要依赖其他章节的内容，这时借助思维导图的联系展现，学生也更容易理解，并形成更完善的知识结构和发散性思维模式，从而有效提高数学思维能力。这也有助于学生独立学习和解决问题能力的提高。

### （五）培养学生数学思维的逻辑性、完整性和流畅性

思维导图的创建过程具有发散性特点，能够极大地激发学生的想象力，拓展他们对知识点的理解。然而，数学作为一门强调逻辑性、完整性和连贯性的学科，要求在运用思维导图培养学生思维能力时遵循数学的严谨性和科学性。教师在引导学生探索思维导图的过程中，应恰当地指导他们的思维方向，既不要阻碍学生思维的深入发展，也不要让学生偏离数学的严谨性和科学性。因此，在使用思维导图时，教师应确保学生在拓展知识点的同时，始终坚持数学原理的核心，遵循逻辑推理的基本规律，将发散性思维与数学的内在规律相结合，从而最大限度地提升学生的思维能力和数学学习效果。

## 四、基于思维导图培养数学思维能力的教学策略

### （一）教师示范，合理引导

思维导图在大学数学课堂中的应用较少，学生对此较为陌生。在开始引入思维导图进行课堂教学之前，教师应当为学生充分展示思维导图在数学教学中的强大优势和功能，从而激发学生的学习兴趣。首先，教师可以简单地介绍思维导图的定义、绘制步骤以及其在教育领域中的应用。接着，教师可以引导学生借助思维导图来进行章节复习。教师可以先提供思维导图的框架，然后让学生补充完整，让学生理解思维导图的用途和优点。然后，教师可以提供几个关键词，让学生构建框架，从而形成完整的知识体系。学生自己绘制思维导图可以亲身感受到思维导图的乐趣和作用。最后，在解题过程中，教师也可以通过绘制思维导图，向学生展示解题思路，提高学生的学习兴趣和积极性。这可以使学生更主动地参与到课堂教学活动中来，从而提升其学习效果和兴趣。

### （二）启发诱导，循序进行

教师的引导和启发只有在学生产生兴趣并开始思考之后才能发挥作用。因此，当学生对思维导图在数学学习中的应用有了初步认识，并表现出绘制思维导图的愿望时，教师应善于引导学生从主动提取知识点、填补思维导图结构、总结关键词，到独立运用思维导图整理和整合知识框架。这样一来，学生能够学会利用思维导图进行数学学习，从而更好地理解和掌握数学知识。

### （三）小组合作，交流制图

一旦学生掌握了思维导图的绘制和运用，教师就可以采用小组合作学习的模式，来进一步推动学生的数学学习。在小组合作学习的过程中，教师应鼓励小组成员相互交流并开展头脑风暴，共同完成思维导图的绘制。这种小组合作学习模式可以采用以下两种形式：第一种是小组成员独立完成同一主题的思维导图，并在小组内进行展示和评比，以便挑选出最优秀的作品；第二种是小组成员可以根据思维导图的中心主题设置任务并合作完成思维导图，随后对思路和步骤进行讨论与完善，最终形成小组集体作品。完成小组作品之后，每个小

组可以挑选一名代表进行讲解和展示，包括提炼关键词、绘制思路、绘制步骤和出现的问题等。在这个过程中，学生可以进行思维碰撞，能大大促进数学思维能力的发展。这种小组合作学习模式可以让学生更好地理解和应用数学知识，并且更加深入地探究数学课程的重点和难点。同时，它可以帮助学生培养团队合作精神和沟通能力，在实际生活和工作中发挥积极的作用。

# 参考文献

[1] 姜伟伟 . 大学数学教学与创新能力培养研究 [M]. 延吉：延边大学出版社，2019.

[2] 徐雪 . 大学数学教学模式改革与实践研究 [M]. 北京：九州出版社，2020.

[3] 刘莹 . 新时代背景下大学数学教学改革与实践探究 [M]. 长春：吉林大学出版社，2019.

[4] 胡国专 . 数学方法论与大学数学教学研究 [M]. 苏州：苏州大学出版社，2016.

[5] 鲍红梅，徐新丽 . 数学文化研究与大学数学教学 [M]. 苏州：苏州大学出版社，2015.

[6] 刘莹 . 数学方法论视角下大学数学课程的创新教学探索 [M]. 长春：吉林大学出版社，2019.

[7] 张雄 . 大学数学本体教学论 [M]. 西安：陕西师范大学出版总社有限公司，2013.

[8] 欧阳正勇 . 高校数学教学与模式创新 [M]. 北京：九州出版社，2020.

[9] 范爱琴，吴娟 . 高校数学教学探索与实践 [M]. 长春：吉林出版集团股份有限公司，2019.

[10] 董永刚，史红涛，闫俊娜 . 高校数学教学方法与教学设计研究 [M]. 石家庄：河北人民出版社，2018.

[11] 沈雷，闫保英 . 大学数学教学中创造性思维的培养——以一道考研试题的求解为例 [J]. 山东农业工程学院学报，2023，40（1）：118–120.

[12] 薛震，潘晋孝，张亮亮，等 . 数据要素化背景下大学数学教学新体系构建路径研究 [J]. 宁波工程学院学报，2022，34（4）：111–117.

[13] 李曦，李波 . 新工科背景下大学数学课程教学模式的研究与实践 [J]. 南昌航空航天大学学报（自然科学版），2022，36（4）：134–138.

[14] 田红丹 . 问题导向式教学法在高职数学教学中的应用分析 [J]. 广东职业技术教育与研究，2022（3）：31–33.

[15] 康美飞 . 数学文化在军事院校大学数学教学中的应用价值与策略 [J]. 西部素质教

育，2022，8（14）：145–147.

[16] 王春荣 . 数学文化在高职数学教学中的应用价值研究 [J]. 河北职业教育，2022，6（4）：66–70.

[17] 马晨江 . 慕课背景下大学数学教学改革探讨 [J]. 黑龙江科学，2022，13（21）：150–152.

[18] 甘梦婷 . 大学数学“线上线下”混合模式教学的建设与实践 [J]. 高等数学研究，2022，25（4）：105–107，110.

[19] 王雪 . 数学建模视角下的大学数学教学研究 [J]. 吉林工程技术师范学院学报，2022，38（6）：40–43.

[20] 钟根红，马晓艳 . 线上线下相融合的教学模式在大学数学教学中的应用与实践 [J]. 大学数学，2022，38（2）：33–38.

[21] 侯宗丽，刘玉玲，尹锋 . 高职数学混合式教学模式探究 [J]. 创新创业理论研究与实践，2022，5（22）：115–117.

[22] 王能群 . “互联网 +”时代大学数学课堂教学创新设计 [J]. 科教文汇（中旬刊），2020（29）：61–62.

[23] 张端 . 翻转课堂在大学数学教学中的实践研究 [J]. 科学咨询（教育科研），2020（5）：6–7.

[24] 陈璟 . 翻转课堂教学模式下的大学数学微课教学策略 [J]. 教育教学论坛，2020（19）：293–294.

[25] 万安华 . 由一道求极限题谈不等式思维培养 [J]. 高师理科学刊，2019，39（12）：73–75.

[26] 常娟 . 大学数学教学中创新思维能力的培养 [J]. 智库时代，2019（29）：195，197.

[27] 朱婉珍，陶祥兴 . 基于创新思维培养的大学数学教学模式研究与实践 [J]. 教育理论与实践，2019，39（3）：39–41.

[28] 林燕 . 大学数学创新教学中数学思维的培养——以分析类课程为例 [J]. 教育教学论坛，2018（20）：200–201.

[29] 杨金波 . 大学数学课堂教学的设计研究 [J]. 黑龙江科技信息，2011（16）：165.

[30] 周宇剑 . 基于思维能力培养的大学数学自主学习研究 [J]. 科技信息，2013（11）：59，78.

[31] 吴仁芳，陈珍妮，赵凝 . 数学思维品质的教育价值 [J]. 教学与管理，2022（27）：

16–20.

[32] 魏飞艳 . 小学数学教学中学生数学思维的培养 [J]. 西部素质教育，2022，8（17）：135–137.

[33] 丁晓红 . 数学文化思想及融入教学设计 [J]. 中外企业家，2015（24）：155–156.

[34] 何静，江维琼 . 大学数学翻转课堂教学设计探讨 [J]. 黑河学刊，2017（3）：141–142.

[35] 初颖，吕堂红，程镱 .“互联网 +”时代大学数学课程线上教学模式创新研究 [J]. 吉林省教育学院学报，2022，38（2）：25–28.

[36] 孙艳，马文联，成丽波 . 大学数学教学模式的研究与实践 [J]. 教育现代化，2020，7（47）：140–143.

[37] 吕琳琳 . 大学数学课程线上线下混合式教学模式探索 [J]. 黑龙江科学，2019，10（17）：84–85.

[38] 李景 . 大学数学教学模式的改革与创新 [J]. 科技信息，2012（12）：110.

[39] 姜思洁 . 数学建模思想在高职数学教学改革中的实践 [J]. 创新创业理论研究与实践，2022，5（17）：50–52.

[40] 胡宇清 . 大学数学翻转课堂教学模式的几点思考 [J]. 科教导刊（下旬），2019（33）：164–165.

[41] 吕爱红 . 新媒体支持下的大学数学教学模式创新探究 [J]. 现代农村科技，2020（10）：95–96.

[42] 赵春芳 . 现代教育技术与高校数学教育的有效整合 [J]. 教育观察，2020，9（2）：55–56.

[43] 邹金莲 . 现代教育技术在培智数学教学中的应用 [J]. 亚太教育，2022（24）：189–192.

[44] 周安宁 . 现代教育技术在高职数学教学中的应用 [J]. 西部素质教育，2020，6（6）：126，128.

[45] 王芮 . 现代教育技术在高等数学课堂参与中的实践研究 [J]. 佳木斯大学社会科学学报，2019，37（4）：182–183，186.

[46] 朱存斌 . 数学文化融入大学数学教学的初步探究 [D]. 合肥：安徽大学，2014.

[47] 陈小强 . 大学数学辅助教学平台的设计与实现 [D]. 重庆：重庆大学，2011.

[48] 邓卫兵 . 大学数学教学培养学生素养研究 [D]. 长沙：湖南师范大学，2009.

[49] 铁微 . 数学文化在数学教育中的作用和地位 [D]. 长春：吉林大学，2009.

[50] 汪新凡 . 大学数学课堂教学综合评价方法研究 [D]. 长沙：湖南师范大学，2007.

[51] 李世贵 . 现代教育技术在大学数学教学中的应用 [D]. 重庆：西南大学，2006.